# 检察官妈妈

## 写给女孩的安全书

穆莉萍 著

北京理工大学出版社
BEIJING INSTITUTE OF TECHNOLOGY PRESS

版权专有　侵权必究

### 图书在版编目（CIP）数据

检察官妈妈写给女孩的安全书. 校园安全 / 穆莉萍著. -- 北京 : 北京理工大学出版社, 2024.9

ISBN 978-7-5763-3976-5

Ⅰ. ①检… Ⅱ. ①穆… Ⅲ. ①女性—安全教育—青少年读物 Ⅳ. ① X956-49

中国国家版本馆 CIP 数据核字（2024）第 093886 号

责任编辑：李慧智　　　文案编辑：李慧智
责任校对：王雅静　　　责任印制：施胜娟

出版发行 / 北京理工大学出版社有限责任公司
社　　址 / 北京市丰台区四合庄路 6 号
邮　　编 / 100070
电　　话 /（010）68944451（大众售后服务热线）
　　　　　（010）68912824（大众售后服务热线）
网　　址 / http: // www.bitpress.com.cn

版 印 次 / 2024 年 9 月第 1 版第 1 次印刷
印　　刷 / 唐山富达印务有限公司
开　　本 / 710 mm × 1000 mm　1 / 16
印　　张 / 12.5
字　　数 / 150 千字
定　　价 / 39.80 元

图书出现印装质量问题，请拨打售后服务热线，负责调换

# 序言
## 愿每一位女孩都安全健康成长

青春期是美好的,安全健康地度过美好的青春期,我相信不仅仅是每个女孩的愿望,也是每个女孩父母的殷切期望。

安全对于成长的重要性我们都知道,但生活中涉及安全的因素或情形却是各种各样、纷繁复杂。当我们身处在这样的环境中时,如何判断现实是否具有危险性?如何能够尽可能有效地避免危险?如何能够尽可能有效地减少危害?如何在面临一些伤害时懂得运用有效的救助方法?

我是一名从事检察工作20多年的检察官,国家二级心理咨询师。在长期的检察办案工作中,接触到不少涉及未成年人的刑事案件,也因为检察官以及心理咨询师这两重身份,接触到许多涉及未成年人安全问题的民事、生活案例,了解到一些未成年人之所以会陷入危险,有时候是因为完全没有自我安全意识,有时候是因为安全方面的知识不足,有时候是自己把一些常识丢在脑后,有时候是因为心存侥幸……最终酿成自己不想要的后果。

安全问题在人生的每个阶段都存在,而女孩在成长过程中,除了男孩女孩共同需要掌握的一些安全防范知识之外,更需要了解和掌握一些针对女孩伤害的安全防范知识。

安全问题纷繁复杂,包罗万象,涉及面非常广,在这里我把涉及青春期成长中可能会遇到的安全健康问题重点分了五个类别:人身安全、心理健康、校园安全、社会安全、网络安全。

## 关于人身安全

人身安全涉及的情形比较多，有出门在外防盗防抢防拐卖的情况，也有专门针对女孩的一些人身伤害情形，等等。虽然有些伤害的发生概率可能并不是那么高，一旦发生，对女孩而言，就是百分之百的灾难，比如被拐卖、被传销组织非法拘禁等。还有一些人身伤害可能是我们主动进入危险环境而造成的，需要我们学习了解哪些场合、哪些情形对女孩造成人身伤害的风险特别高，从而提高我们避免风险的能力。我期待女孩看完《人身安全》分册之后能够明白，要保护好自身安全，首先是自己要做到遵纪守法，不做违法犯罪的事情，避免去一些高危场合；其次是在面对人身伤害时具有用法律武器保护自己和挽回损失的意识，并懂得有效求救的方法。

## 关于心理健康

身体健康很重要，心理健康和身体健康同样重要。我们在成长过程中会遇到各种挫折，可能是身体发育上的，可能学习上的，可能是同伴相处、家人相处方面的，也可能会是面临各种伤害、伤痛、离别、失去等等，这些必然会对我们心理健康成长造成影响。当我们懂得了一些心理学方面的正确知识，懂得照顾好自己的内心后，是可以把挫折和伤害事件变成我们成长的机会和源泉的。我期待女孩看完《心理健康》分册之后，可以收获一些心理学方面的正确知识，并在这些知识的指导下成长得更加健康和快乐。

## 关于校园安全

校园本来应该是一方净土，然而近年来仍有不少违法犯罪事件发生在校园，校园欺凌问题也时有发生，除了比较恶劣的肢体暴力欺凌之外，其他校园欺凌方式常常更具有隐蔽性，而这种"隐性伤害"特别是心理伤害是更加严重和深远的。另外，在校园中容易对女孩造成伤害的还有情感纠纷问题，等等。我期待女孩看完《校园安全》分册之后，除了自己不参与违法犯罪行为之外，还能够了解校园欺凌是什么，不当被欺凌者，更不做欺凌者。同时，学会如何预防发生在校园的故意伤害、意外事故伤害等。学会理性面对校园的情感纠纷，不伤害自己，不伤害他人，不被他人伤害。

## 关于社会安全

女孩踏入社会，因为现实的性别原因，在一些场景下，面临的伤害风险会更高，这些伤害除了会造成身体伤害，更严重的是可能会造成持久的心理伤害。不论处在什么样的生活和成长环境中，学会如何预防伤害事件的发生，特别是防范一些我们熟悉的日常场景中的伤害，应该是女孩在成长过程中的必修课。我在总结自己办理过的一些案件时，发现如果追溯到案件发生之前的某个节点，其实很多情形下都是可以避免伤害事件发生的。所以，掌握如何科学有效地预防伤害的知识，在面对伤害时，是能够更好地保护自己的。我期待女孩看完《社会安全》分册后，在针对女孩性别特殊伤害方面可以大幅提升自己的安全意识，并可以在现实社会中实现更加有效的自我保护。

## 关于网络安全

随着科技的发展，网络渗透到生活的方方面面，和我们生活已经密不可分，随之而来的一个社会现实就是网络诈骗以及和网络相关的各种犯罪活动呈逐年上升趋势。也就是说，女孩在成长的过程中，在这方面可能遇到的安全风险也越来越高。但在很多时候，如果我们知道了某些套路、懂得了某些心理，是可以避免这些风险的。我期待女孩看完《网络安全》分册后，在网络常识、信息安全方面可以大幅提升自己的安全意识，在遇到网络交友、网络诈骗、网络色情时可以避免或大幅降低受到伤害的风险。

在这套书中我写了许多案例，这些案例全部是我办理过或接触到的现实生活中真实发生的案例，当然这些案例都做了一些必要的处理，不会涉及侵犯隐私问题。我希望利用自己的专业知识，从这些真实发生过的案例中总结出一些建议，能真正帮助到读过这套书的每一个女孩。

世界卫生组织定义的青春期是 10～20 岁，这套书虽然是针对青春期女孩的安全问题而写，但女孩的安全绝不只是青春期才应该重视，安全教育在女孩每个人生阶段都不可忽视。感谢我的女儿在成长过程中给予我的关于女孩该如何保护自己的方方面面的反馈，也感谢其他所有给予过帮助的人！

亲爱的女孩，假如你看完书有想分享的案例或疑虑可以给我发邮件沟通（446454606@qq.com）。希望这套书可以为每一个女孩的健康成长播下一颗安全意识的种子，然后让安全意识长成参天大树，呵护女孩们健康成长！

穆莉萍

2023 年 8 月 8 日

## 第一章
### 防范发生在校园的违法犯罪行为

1. 在教室过道打闹追逐受伤,谁该为这件事负责?_ 003
2. 朋友义气打人违法了,正确的做法是什么?_ 010
3. 在学校发生了失窃案,该怎么处理?_ 017
4. 体育课上被人触碰到隐私部位,该怎么办?_ 024
5. 防范校园套路贷,需要掌握哪几点?_ 030

### 第二章
### 了解校园欺凌,不做欺凌者

1. 欺凌事件发生时,什么样的旁观也是欺凌?_ 039
2. 给同学取外号,是言语欺凌吗?_ 046
3. 故意不和某个同学玩,为何变成社交欺凌?_ 053
4. 在社交平台发布他人隐私是网络欺凌吗?_ 060

## 第三章

### 防范校园欺凌,勇敢做自己

1. 面对同学的恶作剧,该怎么应对? _ 069

2. 总是有人要我帮她买零食吃,该怎么拒绝? _ 076

3. 面对恶意的外号,该怎么应对? _ 083

4. 在班上感到被孤立的时候,我们可以怎么做? _ 090

5. 面对暴力欺凌,该怎么办? _ 097

6. 个人隐私被同学网暴,该怎么办? _ 103

## 第四章

### 提高自我保护意识,保障在校安全

1. 女生宿舍如何防范被偷窥? _ 111

2. 一对一补课,有哪些风险需要注意的? _ 117

3. 宿舍防火注意事项,遵守规则有哪些? _ 124

4. 住校半夜身体不舒服，如何寻求帮助？ _ 130

5. 校园意外受伤后，需要预防哪些重点危险事项？ _ 137

6. 对于住校财物安全，该注意哪些方面？ _ 143

## 第五章
### 如何正确处理校园情感纠纷

1. 收到喜欢的男同学的表白，该怎么处理？ _ 153

2. 不想接受同学的表白，该怎么处理？ _ 160

3. 该如何处理自己的暗恋？ _ 167

4. 表白被拒绝后很伤心，该怎么恢复？ _ 174

5. 女孩在情感中该怎么认识PUA？ _ 181

· 003 ·

# 第一章

## 防范发生在校园的违法犯罪行为

# 在教室过道打闹追逐受伤，谁该为这件事负责?

## 女孩的小心思

班主任刚刚和我们开完班会，强调了下课和放学不可以在教室和过道打闹，就发生了几个同学在教室追赶的事情。其中一个同学被另外一个同学用脚绊倒了，头磕到课桌，出血了，然后送医院治疗花了不少钱。据说两家因为此事要打官司，这是怎么回事呢?

未成年人在学校受到伤害，相关当事人以及学校一般都需要承担责任，只是责任大小和需要承担责任的比例分配，根据不同原因不尽相同。我在工作中曾听法院同人讲过一个关于未成年人损害赔偿的案件。

某天，武某（化名，女，14岁）偷偷把手机带到学校，课间休息时候在教室打游戏玩，旁边有两个同学围观，这时另外一个同学谭某（化名，男，14岁）也想凑过去看打游戏，武某对谭某大喊大叫的动作表示不满，于是不让谭某看手机。谭某对此生气，趁武某不备抢走武某的手机，扬言要告诉老师，武某一边追一边骂谭某。

之后谭某跳到教室课桌椅上，在椅子和椅子之间跳着躲闪追逐，没想到椅子滑倒，谭某重重摔倒地上，头磕到桌子，随后晕过去。

学生看到后告诉老师，然后紧急送医院治疗，谭某因头部受伤，进行了开颅手术，前后花去医疗费10多万元。

谭某父母最后把武某和学校都告上法院，要求赔偿医药费。

最后，法院认为谭某本身存在一定过错，判决武某以及家

| 第一章 | 防范发生在校园的违法犯罪行为

属承担 40% 的责任，学校承担 20% 责任，谭某以及家属自行承担 40% 的责任。

学校都会规定不可以在教室打闹，因为教室里桌椅等杂物多，假如在这样的环境中打闹追逐，特别容易发生伤害事件。一些同学可能会有一定的误解，以为自己没有故意弄伤别人，是他人自己不小心跌倒或者摔倒，自己不用负责任。这样理解这个问题，还真是不一定正确。造成他人身体伤害的后果，分民事责任和刑事责任，有许多重要的知识点和法律规定值得我们学习、遵守，具体有哪些呢？

| 第一章 | 防范发生在校园的违法犯罪行为

在校园场所里,同学之间追逐打闹奔跑,有时候也会发生意外,造成一定的身体伤害。根据事件后果的严重程度及相关人员主观上过错的不同,需要承担相应的刑事责任或者民事责任。

附

### 相关法律条文规定

★★★

《中华人民共和国刑法》第十七条第一款、第二款规定:"已满十六周岁的人犯罪,应当负刑事责任。""已满十四周岁不满十六周岁的人,犯故意杀人、故意伤害致人重伤或者死亡、强奸、抢劫、贩卖毒品、放火、爆炸、投毒罪的,应当负刑事责任。"

#### 第一种情况

假如有人故意冲撞或者直接推撞被害人,并造成了被害人轻伤的后果而且当事人年满十六周岁,是需要负刑事责任的。

假如有人在学校故意冲撞或者直接推撞被害人,并导致被害人不幸重伤或死亡的,只要年满十四周岁都需要负刑事责任。

依据我国《刑法》相关规定,上述两种情形均属于故意伤害罪,需要承担相应的刑事责任和民事赔偿责任。

### 第二种情况

当事人没有故意冲撞被害人,但在追逐闹玩过程中,却造成了被害人重伤或者死亡的后果,同学之间没有故意伤害对方的犯意,因为过失造成了被害人重伤或者死亡的后果,属于过失犯罪。根据我国《刑法》规定,只要当事人年满十六周岁,过失犯罪就同样需要负刑事责任。

## 相关法律条文规定

★★★

《中华人民共和国刑法》第二百三十三条和第二百三十五条规定,过失致人死亡和过失致人重伤,需要负刑事责任,同时需要承担相应的民事责任。

**此外，关于民事赔偿的情况。**发生在校园里的人身损害赔偿案件，首先要看是谁对被害人造成了伤害，要承担赔偿责任的理所当然是造成伤害后果的人，假如造成伤害后果的人是未成年人，就由他的父母等法定监护人承担。

至于需要承担多少民事赔偿责任，那就根据造成伤害后果的人的过错和被害人的过错大小轻重来分担。一般直接故意造成伤害后果的人会承担大部分责任，被害人有过错的也会分担一些责任。假如是过失造成的伤害后果，那就由法官根据具体案情来判定承担责任的比例和大小。

另外，对于承担民事责任的情况，因为学校对学生的安全负有保障义务，当出现了因学校未尽到合理注意义务而导致的伤害后果时，学校也需要承担一定的民事赔偿责任，但一般是次要责任，具体比例一般根据具体证据和事实由法官来判定。

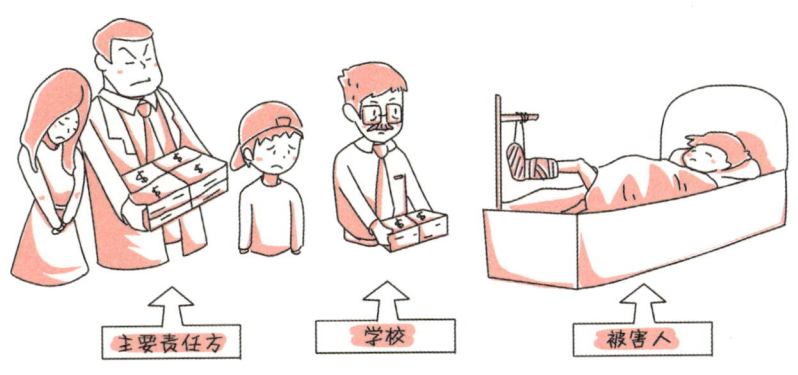

在校园里，学校都会有相关的规章制度来规范我们的行为，其中一个目的就是保障我们的人身安全，我们要遵守学校的规章制度，最大限度地避免自己受到伤害。万一出现意外的情况，了解些法律知识也能让自己懂得用法律来保护自己的权益。

## 朋友义气打人违法了，正确的做法是什么？

**女孩的小心思**

我听同学讲，隔壁班有人帮一个女生出头，打伤了人，打架时那个女生并不在场，也受到了处分。这到底是怎么一回事呢？

| 第一章 | 防范发生在校园的违法犯罪行为

不论是女孩还是男孩，我们都需要友谊，朋友之间互相帮助、彼此支持是一件美好的事情。但是不计后果不顾法律规定，全凭所谓朋友义气帮助朋友出头，不是帮助朋友，反倒是害了朋友。

以下案例是我亲戚专门来咨询我时讲给我听的，是亲戚家女儿晓棠身上发生的事情。

晓棠（化名，女，15岁）因为在学校一次活动中和隔壁班的一个女生小鹿（化名，女，15岁）发生矛盾，晓棠看到她嚣张的样子很反感。一开始晓棠并不想和小鹿发生正面冲突，但后来听说了一件关于自己的事情，让晓棠很气愤，因此去找小鹿质问。

原来，班上有同学说晓棠主动追求隔壁班的一位男生，但是被这个男生当面拒绝了，传言晓棠还死缠烂打不放手。晓棠觉得这完全是无中生有，纯属造谣。

事实上晓棠根本就不是追求这个男生，只是搞活动和这个男生有过接触。后来晓棠听说这件事是隔壁班小鹿讲出来的，猜测可能是小鹿喜欢这个男生，于是便造谣生事。晓棠于是去质问小鹿，小鹿承认是她讲的，而且还当面骂晓棠不知羞耻，被拒绝还缠着人家不放，太不尊重人了，道歉！把晓棠气坏了。

　　周末回家后,晓棠把这件事和校外的一个朋友潘某(化名,男,17岁)讲了,潘某表示下次找机会帮晓棠教训一下小鹿,帮她出出气。晓棠在气头上,见对方这么说,就笑着回应了一句"好哇",当时宣泄完情绪后就没再提这件事,只当潘某是开玩笑。

　　没想到过了两个星期后,潘某真的在校园外附近找到小鹿,打了她两巴掌,吓唬了几句,然后顺便把小鹿身上的100多元钱拿走了。

　　之后,小鹿报警说被人抢劫。潘某被抓获之后,讲出是为了帮朋友晓棠教训这个人,随后晓棠也被公安机关通知去问话。

　　后来经过调查整个事情的前因后果,查明潘某当时去学校找小鹿的麻烦时,并没有提前告诉晓棠,只是出于朋友义气,才做了这件事。

　　公安机关主持调解,晓棠父母赔偿了2000元钱给小鹿及其父母,取得对方谅解后,公安机关最后以潘某涉嫌寻衅滋事行为对其作出了行政拘留十天的处罚。

　　冲动之下的义气,到底是帮朋友还是害朋友呢?我们又该有怎样的清醒认识呢?

同学之间交往,有友谊也会有矛盾。面对矛盾,我们该如何正确合理地解决?不同角色需要我们做出不同的选择。

### 第一种情况

如果我们处在案例中晓棠的角色位置,在生活中遭受他人不公正对待,可能是造谣生事,可能是直接攻击,可能是误会……情绪上都会不好受,恨不得揍对方一顿,内心肯定会生气、愤怒、委屈等。当我们还处在自己的情绪中时,并不能真正解决问题,解决问题的方法只有一个:理性面对,寻找合适的化解方法。

尝试梳理一下产生矛盾的各种因素,包括自己的因素、对方的因素、环境的因素,尽可能列出来,然后试着找出可能直接解决的和可能间接解决的方法。比如案

例中晓棠所处的位置,被小鹿造谣,她其实已经猜测出原因可能是小鹿吃醋,那么化解这个矛盾问题第一个直接解决的方法,其实非常简单,因为晓棠根本不喜欢这个男生,直接明确态度加以澄清就可以化解矛盾。

当我们因为遭受到不公正对待而生气愤怒时,选择向朋友倾诉吐槽,

是否可以呢？答案是肯定的。当我们感到生气、难过、委屈、愤怒时，当然可以选择向朋友倾诉。但是当和事件无关的朋友主动要介入帮助我们解决问题时，我们就需要理性考虑一下。我们接受朋友提供的情感支持、陪伴分担都是可以的，但朋友之间也应该有相处的边界。

假如遇到朋友像案例中潘某那样提出帮忙教训对方，不论是否开玩笑，我们都应该明确拒绝。因为他人"教训"对方的方式方法并不是自己能掌控的，也可能不是自己所期待的，一旦造成严重伤害的后果将可能涉嫌犯罪，这个口头答应就会让自己成为"共犯"，小矛盾酿成大后果就不是我们的初衷了。

### 第二种情况

如果我们处在案例中小鹿的角色位置。当对某个人有看法、有戒备，甚至认为对方威胁到自己的利益时，我们自然会用一些方式方法来保护自己期待的利益，但是用攻击他人的方式，就可以获得自己想要的吗？

我们期望得到他人的关注和喜欢，实质上是期待拥有良好的人际关系。不论是喜欢一个男生，还是和别的女生相处，以语言或者其他行为来攻击我们认为的"假想敌"，只会让自己的人际关系更加糟糕。

案例中小鹿想获得良好的人际关系，想获得他人的关注，但实际上

的行为却做反了。应该以善意的方式向心仪对象表达自己的情感，而不是无中生有地造谣去攻击他人。

### 第三种情况

如果我们处在案例中潘某的角色位置。有朋友向我们倾诉生活中遭受到别人不公正的对待，我们能看到朋友的气愤或委屈，这证明我们的共情能力较强，作为朋友，在情感上互相支持是应该的。

但是当朋友还没提出具体要求时，我们没有必要主动提出帮朋友教训对方。即使是朋友提出了要求，要求我们帮忙教训对方，我们也应该拒绝。因为暴力不能解决同学之间的矛盾，只能是加剧矛盾的升级。

帮助朋友，应该是帮助解决问题，而不是帮助出气。一时冲动的举动往往会把自己置于违法犯罪境地，后悔都来不及。

# 3

## 在学校发生了失窃案，该怎么处理？

### 女孩的小心思

学校不让带零食回校，不过同学晓怡比较贪吃，常偷偷带零食回校。这个星期，晓怡两次发现放在书包的零食不见了，觉得应该是早操时间谁偷偷拿走了，但又不敢告诉老师。她让我陪她逃早操，去一起捉贼。

我有点害怕，该怎么办？

学校虽然是比较安全的地方，但也会偶尔发生学生物品被盗的情况。我有一次去学校进行法治宣讲，和老师聊天的时候，老师就讲过这么一个案例。

同学上早操的时间，教室一般是没有人的，有一次因为同学萧萧（化名，女，11岁）肚子痛，老师允许她提前回教室休息。

萧萧回教室途中，在经过走道时看到隔壁班男生小雷（化名，男，12岁）在连续翻看不同同学座位上的书包，好像在拿什么东西。因为不是在自己班内，萧萧就没出声，静悄悄回到了自己班教室。

早操结束后，听到隔壁班有同学说自己的游戏机和零食不见了，大家在猜是谁偷拿了这些东西，但又不敢告诉老师。因为学校老师强调过不让学生带游戏机和零食上学的，告诉老师反倒会被批评。

又过了一两个星期，班里有一个同学晓晶（化名，女，12岁）的家长来到学校，告诉老师，说晓晶偷偷把手机带到学校，然后手机被人拿走了。因为学校规定学生上学时不准带手机，所以即使手机不见了，晓晶当时也不敢告诉老师。几天后晓晶家

| 第一章 | 防范发生在校园的违法犯罪行为

长发现手机不见了,问晓晶后确认手机是在学校被盗了。因为手机价值比较高,值三四千元钱,所以晓晶家长找到学校,希望学校帮忙查找一下。

萧萧和晓晶的关系不错,得知这件事后,她便把之前看到隔壁男生小雷翻同学书包的情况告诉晓晶,于是她们俩把怀疑的对象指向了小雷。

事情的最后结果是被盗手机没有查找到,但那个男生小雷却被大家怀疑是小偷而受到孤立,第二学期就转学了。

老师介绍这个事情的时候感叹不已,但又确实没有什么完美的办法处理。老师问我:当学生发现自己的物品被盗后,我们该怎么引导呢?

第一章 | 防范发生在校园的违法犯罪行为

# 检察官妈妈支招

面对类似事件，老师出于对学生负责，心情是复杂的：一方面理解学生被盗后的气愤心理，想要找到小偷；另一方面又很惋惜，一个人假如被怀疑盗窃，即使事实上查无实据，但对一个孩子来说，被人用怀疑的眼光看待已经是毁灭性的打击了。比如说上述案例中，男生小雷最后不得不转学就是例子。作为学生，假如我们自己的物品不见了后，该怎么处理呢？

**第一，我们应该遵守学校的规章制度。** 学校对学生的一些行为作出规范是有理由的，即使是一些我们作为学生不太认可的规章制度，也应该遵守。学校是一个人员众多的大

集体，我们在这么一个大集体环境里学习生活，学校有义务保障大家的安全。所以，只要学校有这样的规定，我们都应该遵守，因为规定的目的就是减少风险事件的发生。

**第二，区分违规和违法行为。** 假如我们偷偷携带了属于自己但是

学校禁止拿到学校的东西，这样的行为是属于违反校规的行为；但假如发生有人偷东西的事情，如果情节严重，就是违法犯罪的行为了。性质不同，应该承担的后果当然也不同。

涉及违法犯罪的行为和涉及违反校规的行为相比较，前者更严重，受到的处罚也更严重。比如违反校规一般是批评教育做检讨，违法犯罪就可能涉及法律后果了，而且对学生而言也可能涉及更严重的处理结果。

作为学生首先应该遵守校规，但假如自己违规在前，他人违法在后，我们不应该害怕受到老师批评而隐瞒他人的违法行为。因为隐瞒不能解决问题，一些问题的解决需要成年人的帮助，比如查明是谁盗窃了财物，根据情况在成年人陪同下报警。

**第三，在学校发生盗窃，往往涉及一些同学关系的处理。**被人偷了财物当然气愤，也想找出真正盗窃的人，但不得不承认，并不是所有盗窃案件都可以找到盗窃者而让他承担责任。发生一个盗窃事实但又找不到真正的盗窃者时，常常会让我们对一些人产生主观的怀疑。

这里请同学扪心自问，想象一下，假如自己被人怀疑是小偷会是什么心情？这个时候我们就能体会到案例中被怀疑的男生小雷不得不转学的原因了，我们也就能理解，在同学之间，仅仅怀疑对方是小偷，就会对一个人造成多么大的伤害。

当我们了解到这样做会深深伤害一个同学时，在我们没有找到证据证明某个人盗窃了财物时，不应该随意提供或发表一些捕风捉影的线索或主观意见，应把查明事实真相的责任交给老师和警察。同学相处，以友爱善良为本。

## ④ 体育课上被人触碰到隐私部位，该怎么办？

**女孩的小心思**

本来胸部发育自己就会觉得胀痛，有时候上体育课被碰到了，觉得有点痛，但又不好意思说出来，假如被同学知道肯定又会被笑话。哎，都不知道该怎么办？

| 第一章 | 防范发生在校园的违法犯罪行为

当我们面临一些伤害风险时,是勇敢和不轨分子做斗争还是悄悄躲开?对未成年人来说,有时还真是难题。有一次我应邀为家长做讲座后,被一个家长拉住咨询了发生在她女儿身上的一件事。

萧萧(化名,女,13岁)平时胆子小,有点自卑,放暑假时来了月经,乳房也正在发育中,她对自己身体发育不太适应,初一上学期对上体育课特别抗拒,只要有体育课就会打电话说不舒服,让家里人接回家。

这样的事情持续了一两个月,家长问她为什么不上体育课,她只是说不舒服。后来家长听女儿的表姐讲才知道萧萧不愿上体育课的真实原因(是萧萧和表姐讲的)。

原来萧萧每次上体育课感觉都会被同学碰到内衣或胸部,觉得很不舒服,也很害怕,所以才不愿意上体育课。而且有时候萧萧还觉得别人是故意碰的,觉得很生气但又不敢讲出来,因为害怕说出来会被同学取笑,觉得更不好意思。最后就每次以肚子痛或者其他身体不舒服为理由逃避上体育课。

亲爱的女孩,假如我们遇到类似的事情,该怎么办呢?

检察官妈妈写给女孩的安全书

校园安全

| 第一章 | 防范发生在校园的违法犯罪行为

体育课上做运动,会有比较大的肢体动作,有时同学身体之间会有相互碰撞的情况,只要不是被故意触碰到重要隐私部位,其实可以不必在意,下次适当注意即可。但是,假如感觉到被他人有意触碰到乳房等重要隐私部位,那我们必须要警惕。

第一种情况

在体育课运动时,当女孩发现自己重要隐私部位特别是乳房被某一个男生故意触碰,这时一定要勇敢呵斥对方,让对方明确知道你的态度,或者让他道歉,只有当女孩勇敢表明自己的态度时,才会被尊重。在集体环境中,女生的这种勇敢往往可以得到其他女生的声援,完全可以通过明确发声来达到制止这样行为的目的。

### 第二种情况

在校园集体运动时，假如是遭遇到多名男生有意触碰到重要隐私部位，这时必须马上离开这样的环境，然后告诉老师或者父母。这种行为明显是恶意的，而且双方力量对比悬殊，当面呵斥有可能反遭到更加恶劣的对待，所以这时应该马上逃离所处环境，当自己安全后再告诉老师、父母或自己信任的成年人。

### 第三种情况

在学校上体育课时，假如是遭遇到男老师故意触碰到女生乳房等重要隐私部位的行为（事实上也发生过某些居心不良的老师会以示范运动动作为由，来接触女学生身体，借机触碰女孩隐私部位的事情，俗称"揩

油"）。遇到类似情况，请一定要勇敢。这个勇敢可以是当面拒绝老师借故示范动作触碰身体，也可以是把遇到的情况如实告诉其他信任的老师或告诉父母，让信任的成年人来帮助我们。而且绝大多数类似的"揩油"行为不会只针对某一个女孩，这时候只要有带头的同学勇敢地拒绝并告知其他人，一般都会得到其他女孩的支持和协作。

### 第四种情况

在校园其他场合遇到被有意触碰重要隐私部位的情况，也需要我们警惕，应该马上远离这个人和这个环境。需要特别提醒的是，当我们离开这个故意触碰我们身体重要隐私部位的人之后，不要害怕也不要觉得羞耻，应该马上告诉我们信任的人，可以就近告诉校园里其他可以信任的老师，回到家也应该马上告诉父母或其他信任的家人。

# 5

## 防范校园套路贷，需要掌握哪几点？

**女孩的小心思**

在校园捡到一张小广告名片，上面介绍只要有身份证和学生证就可以做小额贷款，手续简单，利息低，放款灵活。而自己刚找宿舍的舍友借钱没借到，这个广告有联系电话，这么简单的事情，要不要试试？

| 第一章 | 防范发生在校园的违法犯罪行为

随着网络贷款平台的发展，一些不法分子经常利用网贷平台进行一些不合规的操作，利用学生社会经验不足的弱点，把贷款业务对象指向了十几二十岁的学生，导致一些恶性案件的发生。我在业务交流过程中，听同人介绍过一个涉及校园贷的案件。

小慧（化名，女，17岁）在某技工学院学习，暑假想做微商创业，但家里无法提供资金支持。这个微商化妆品项目需要启动资金3000元，小慧一直很想做，但拿不出来启动资金。

正在小慧发愁的时候，舍友推荐了一个叫李某杰（化名，男，28岁）的人，说他可以帮助贷款，贷款手续很简单，只需要提供身份证和学生证就可以了。于是小慧联系上李某杰，李某杰对贷款一事非常热情，告诉小慧，在他的公司办理小额借款，手续简单，利息还低，让小慧第二天去他公司签好合同就可以借款了。

于是小慧去到李某杰的公司办理借款手续，李某杰给小慧签的合同是早已经打印好了的，小慧看了看合同，对"逾期还款一次违约金高达本金的50%"这一条款提出了异议，李某杰说只是这么规定，只要小慧按时还款，这条等于没用。

小慧心想，这3000元贷款做个启动资金，一个月后就可以还了，问题不大，于是便签了合同。

检察官妈妈写给女孩的安全书

校园安全

　　第二天，小慧只收到了 2000 元，她打电话问李某杰怎么回事？李某杰说，合同上写得很清楚，借款要扣除利息和手续费，借款 3000，扣除第一笔利息和手续费后，就是 2000 元。小慧没有办法，微商创业启动资金必须要 3000 元，另外 1000 元她只好找同学借了。

　　小慧忙活了一个月，除了囤了一些化妆品货物之外，手上的现金根本不够还，违约金又这么高，小慧与李某杰电话协商是否可以先还 1000 元。

　　李某杰告诉小慧还一半一样要算违约金，不如借新还旧，还向小慧推荐了另外一个网络贷款平台，说直接在网上操作就可以贷到款。于是小慧按照李某杰推荐的方法向其他网贷平台借新还旧，就这样来回利滚利，两三个月后小慧发现她已经欠了网贷公司几万元了。

　　为了偿还借款和利息，小慧把家里给的学费、生活费都搭进去不够还。网贷公司开始以各种方式恐吓小慧还款，小慧一时想不开，到宿舍楼顶靠着护栏外坐下来打算自杀，幸运的是被同学发现后报警。警察把小慧解救下来后，小慧把自己借钱的遭遇告诉了警察。

　　后来通过警方的立案侦查，发现这家公司涉嫌套路贷诈骗，并把相关人员抓获归案。

　　案件中小慧遭遇到的情形就是"校园套路贷"，而且现实中发生的还不仅仅是个案，一些不合规的网贷公司为了利益，打着"合法借钱"的外衣，利用学生轻信和社会经验不足的特点，在签订借款合同时，设立圈套，慢慢利用合同来威逼借款人偿还高额利息款，行诈骗之实。对此，我们该有怎样的清醒认识呢？

## 检察官妈妈支招

第一，作为学生，在需要用钱的时候，找家人商量才是最安全的途径。我们首先要征询家人的意见，尽可能先争取家人的同意和支持。其次是亲朋好友，找亲朋好友借钱，即使暂时还不上，也更容易协商推迟归还，起码没有其他人身伤害风险。对于未成年人而言，安全最重要。

第二，在确实需要小额借款的情况下，我们可以在学校官方推荐下，找到正规的金融机构。正规的金融机构提供贷款时所需要的资料会相对比较复杂，要求会多一点，但起码保障我们不会被骗。而且一些助学创业项目，只要符合条件，还可以得到无息贷款的资助。

**第三，我们需要对网贷平台和借款公司保持一定的警惕心**。网络贷款平台或者一些公司有时候没有相应的金融资质，会偷偷违规从事一些金融业务，打着"民间借款"的旗号从事一些非法贷款业务，以"小额贷款无须抵押、利息低、放款灵活"等广告宣传词来诱骗学生。这是他们常用的手法，看到这样的宣传广告，就可以基本认定为非法贷款业务了。

**第四，我们需要对非法贷款业务中的套路有所了解，提醒自己不要上当受骗，及时止损**。套路一般有这么几个：一是这类非法贷款常常会预先从借款中扣除所谓的利息和手续费，实际到手的借款数额比贷款合同的数额要少很多，俗称"砍头息"；二是通过设置合同陷阱，规定高额逾期还款违约金，然后在规定还款日还故意关机或者让还款人找不

到人，导致产生违约条件，然后把这部分违约金计入债务，利滚利；三是会假意介绍其他网贷平台或借贷公司，让借款人借新还旧，签订更高

的借款合同，导致借款人的债务急剧上升。四是当借款人四处筹钱仍无法还清债务的时候，网贷公司就开始用各种"软暴力"的方式来催债。

我们尽量要合理消费，有事需要用钱求助家里或正规渠道，不得已遇到了"校园贷"之类的诈骗活动，要记得将对方威胁的各种软暴力的证据保留好，在保证人身安全的前提下，及时报警。

第二章

了解校园欺凌，
不做欺凌者

# 欺凌事件发生时，
# 什么样的旁观也是欺凌？

**女孩的小心思**

同学张某准备给新来的舍友一个"下马威"。当时我刚刚回到宿舍，她们已经把新舍友堵在厕所了。张某把手机递给我，让我帮忙拍下她让新舍友读道歉字条的视频。我没有参与围堵威胁新舍友，但事情曝出后，学校也给了我警告处分。我有点想不通，这是为什么呢？

亲爱的女孩,欺凌事件的发生肯定有欺凌者和被欺凌者,但有时还会有旁观者,作为旁观者有无参与到欺凌事件当中来,就看旁观者当时的一些行为和语言是否支持了欺凌者。我在工作中曾经听公安机关干警介绍过一个涉及校园欺凌的案件。

这起案件发生的地点在涉案学生所在中学附近的道路转弯处,案发是因为马路对面的一家奶茶店工作人员看到后报警。后来经过调查,了解到事情的经过是这样的:

被害女孩小檬(化名,女,15岁)在晚上九点多,被五六个差不多年级的女孩围住殴打,她们让小檬跪下来道歉。在殴打过程中,小檬被推撞,磕到了旁边的路灯柱子,导致两颗门牙断掉,后来伤情经过鉴定达到轻伤。

该案当时被人报警后,公安机关把小檬带到派出所并通知了家属。小檬讲述她只认识同校隔壁班一个叫小宇(化名,女,14岁)的女孩,后来公安机关对案件展开了调查,最终抓获了其他5名参与学生,参与事件的6个人只有一个人刚年满16周岁,并且这个年满16周岁的女孩(化名小舞)没有动手打小檬,只负责用手机拍了一段小檬跪下来道歉的视频。

| 第二章 | 了解校园欺凌，不做欺凌者

检察官妈妈写给女孩的安全书
校园安全

　　起因是，小檬上初中后开始住校，周末回家父母才让用手机。她见到有的同学会偷偷带手机到学校，于是她也偷偷把手机带到学校。一天晚上下自习课后，小檬用手机偷偷点了一杯奶茶，让外卖送到学校侧门铁栅门，这个铁门平时没有开放通行，人员车辆都不往这个方向走。

　　小檬接到外卖员电话后，去学校侧门的铁栅门处，拿了奶茶正准备往回走，在转角处因为光线比较暗，撞上隔壁班一个同学小宇，为此两个人吵起来。后来因为有学校校警走过来问发生了什么事，小宇说了一句"你等着瞧"就先离开了。过了一星期就发生了在校外殴打小檬的欺凌事件。

　　后来公安机关对该案做了调解处理，参与事件的6名学生家长共同赔偿了小檬及家属5万元，获得了谅解。

　　该案件中只有小舞年满16周岁，对于共同造成小檬身体轻伤的后果，最后考虑到已经赔偿并获得谅解了，且小舞还是学生，便没有追究小舞的刑事责任。

　　在这个案件中，被害人小檬遭受身体的创伤相对比较容易恢复，但心理的创伤却不易平复。后来间接了解到案例中被害者小檬转学，参与欺凌者的小宇和小舞也都退学了。

　　暴力欺凌一旦发生，对双方都会带来非常不好的影响。防范校园欺凌，先从认识什么是校园欺凌开始。首先，我们要认识的就是校园欺凌者很恶劣的一种现象——暴力欺凌。遇到有人要我们帮忙一起欺凌他人的情况，我们该怎么办呢？

## 第二章 了解校园欺凌，不做欺凌者

检察官妈妈支招

教育部 2016 年 11 月联合多部门颁布《关于防治中小学生欺凌和暴力的指导意见》（以下简称《指导意见》），第一次明确启用"校园欺凌"这个概念，曾经有专家把"欺凌"定义为"发生在社会交往扭曲的情景下的对他人有害的行为。"《指导意见》明确了校园欺凌包括肢体层面、语言层面、心理层面的欺凌。案例中对被害人身体的殴打，属于肢体层面的欺凌，也叫"暴力欺凌"。暴力欺凌中的"暴力"有针对人身的，也有针对财物的。针对人身的暴力，包括对他人身体上的攻击，例如推、打、踢等动作；针对财物的暴力有两种方式，一种是威胁索取财物，一种是毁坏财物。

我们重点需要从以下三个方面来认识暴力欺凌。

**第一，校园暴力欺凌事件的发生，有被害者，就一定有欺凌者。**首先，我们不做欺凌者。对他人实施暴力欺凌造成伤害后果，不论年纪多小，都需要承担一定的责任。一些欺凌者常常是因为完全没有意识到自

拒绝做欺凌者

## 相关法律条文规定

★★★

《中华人民共和国民法典》第十九条之规定:"八周岁以上未成年人为限制民事行为能力人……"

《中华人民共和国民法典》第一千一百六十九条第二款之规定:"教唆、帮助无民事行为能力人、限制民事行为能力人实施侵权行为的,应该承担侵权责任;该无民事行为能力人、限制民事行为能力人监护人未尽到监护职责的,应当承担相应的责任。"

己的行为需要负责任,才胆大妄为实施暴力。

有暴力欺凌就有伤害后果,就要承担相应的责任。

也就是说,暴力欺凌造成伤害后果的民事责任是需要我们的父母(法定监护人)承担赔偿责任的。

**第二,一个校园暴力欺凌事件的发生,不仅仅包括欺凌者和被欺凌者,还有一方是旁观者**。某些群体暴力欺凌事件中,直接实施暴力行为的通常是某一个或两个人,但旁边起哄围观的人很多,在旁边起哄围观的人常常会推卸责任,认为自己不是欺凌者,没有欺凌被害者,

而事实上这样的认知是错误的。比如案例中没有直接动手的小舞只是拿着手机录像,但整个事件中,对被害者而言,对方就是一个整体。全部在场的人都在对被害者造成伤害,这种伤害是身体上的,也是心理上的。

旁观者即使没有直接实施暴力动作,假如在现场录像、起哄、嘲笑等,都是欺凌者的助力,现场本身存在的人数数量就能对被害者心理上形成打压,这就是一种伤害。更何况,欺凌事件常常因为一些现场短视频在微信等社交网络平台瞬间被大量转发而带来更大的伤害后果。所以,并不是没有动手就不是欺凌者,凡是在欺凌事件中对被害者造成伤害的都是欺凌者。

**第三,不做"欺凌的旁观者",而是应该选择支持被欺凌者。**也就是说,当我们看到现场有人正在受到伤害时,我们可以选择做被害人的支持者。

假如环境允许,我们可以进行劝阻。劝阻的方式可以是拉开施暴者,也可以是拉被害人离开;或是以其他机智的方法让事态缓和下来,比如可以故意转移一下大家的注意力;也可以让施暴者和被害人之间的身体距离有其他障碍物隔开;等等。

假如环境恶劣到我们无法进行劝阻,我们还可以悄悄离开,然后去叫附近的老师或者其他成年人来到现场。总之,任何可以缓解事态的行为都可以帮助被害人不再继续遭受欺凌伤害或者减轻受到的伤害。

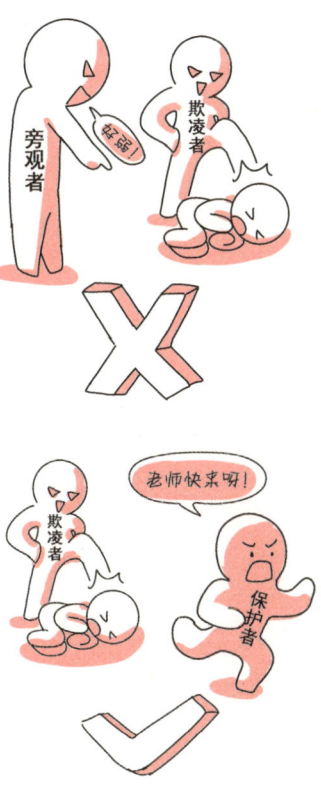

## 给同学取外号，是言语欺凌吗？

**女孩的小心思**

班上有同学给其他同学取外号，虽然我觉得有的外号不好听，但大家都这样，也不是什么大问题。我只是跟着其他人叫同学外号，这外号又不是我起的！可妈妈为什么要批评我，不让我这样叫同学外号？

| 第二章 | 了解校园欺凌，不做欺凌者

亲爱的女孩，妈妈之所以批评你，要求你不再叫同学的外号，是因为这样看似一个很常见的行为，是会对同学的心理造成很大伤害的。"语言暴力"伤人于无形，常常被我们忽视，但这种伤害却是实实在在的。曾经有家长来咨询我一个关于孩子在学校遭到语言暴力伤害的问题。

晓雪（13岁，女，化名）小学毕业，升入另外一所学校就读。学校规定初中是住校的，晓雪上学一两个月后和妈妈提出不想住校，说自己不习惯。因为晓雪妈妈觉得小孩子刚住校不习惯很正常，坚持一下就习惯了，加上晓雪妈妈工作很忙，照顾不过来，所以没有答应晓雪的要求，坚持让晓雪住校。

后来，晓雪逐渐出现厌学、抑郁的迹象，经常以身体不舒服为由打电话告诉妈妈要回家，但接回家看医生检查，又没有什么大问题。

后来，晓雪妈妈带晓雪去医院看了心理门诊，通过心理医生的引导才了解到事情真相。

原来晓雪长得胖，在学校被同学叫作"肥婆"，全班同学都这么叫晓雪的外号，晓雪非常讨厌人家叫她"肥婆"，但却无法

检察官妈妈写给女孩的安全书

阻止同学不叫。

刚开始上学第一个月，晓雪跟班主任反映过，老师开班会批评了一下，但事后被批评的同学叫得更凶了，所以晓雪觉得和老师说也不管用，也不敢再找老师说了。晓雪心里越来越讨厌待在这个班级，也不太愿意和同学说话，所以班上连朋友都没有，她平时只有跟隔壁班上一个同学玩，但这个同学在老师眼中又是有问题的学生。

晓雪讲述自己只有在吃东西的时候，心里才觉得好受点，但越爱吃就越胖，有点恶性循环。她不敢告诉妈妈真正的原因，也是因为妈妈会在她吃东西的时候骂她管不住自己，越吃越胖。

晓雪因为被同学叫带有一定歧视性的外号，导致心情郁闷难过，长此以往，导致心理健康出现了问题。最后，晓雪妈妈不得不帮女儿办理休学一年。

在学校，给别人起"外号"，看起来好像是很常见的事情，也没有什么直接身体伤害，许多被叫外号的同学也并没有受到很大的影响，所以常常被老师、同学、家长忽视。但某些被叫"外号"的同学性格相对比较敏感，听到自己不好听的外号，有时候心理受到的伤害是非常大的，并且这种伤害还常常超出了其他人的预期。我们该怎么正确认识这样的语言暴力，并有效拒绝语言暴力呢？

给同学起外号，叫同学外号，特别是带有歧视性或侮辱性的外号，属于语言暴力的一种，在校园欺凌中被归类为"言语欺凌"。在校园里除了给同学起带有贬低意味的外号之外，对同学的辱骂行为或者散布一些查无实据、听来的谣言也属于言语欺凌。

言语欺凌产生的危害不亚于暴力欺凌，我们先了解一下这种语言暴力会对他人产生什么样的危害，看看它为何也属于欺凌。

**第一个危害，它会降低人的自尊水平。** 这是语言暴力带给人们最大的也是最广泛的一个影响。自尊其实就是自己对自己的评价，当一个人自尊水平越来越低的时候，人就会感到生活得不开心，会觉得很痛苦。

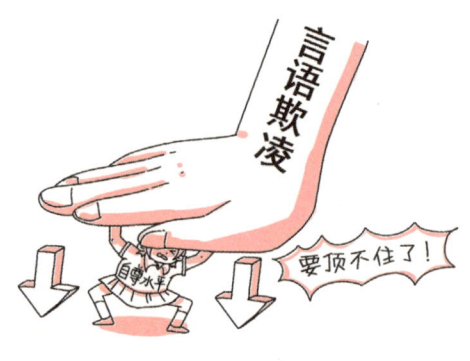

遭遇言语欺凌的同学，其自我评价会越来越低，一直处于过低状态，就会觉得自己不值得被爱，缺乏自我价值感，对生活越来越没有希望。

自尊水平已经被证实和抑郁、焦虑等情绪相关联。当一个人自尊水平因为遭受到言语欺凌而越来越低的时候，人的情绪状态就会越来越低落，进而发展成一些精神心理疾患。

**第二个危害，它会影响未成年人的大脑发育**。长期遭受语言暴力的人，受到影响的绝不是她一时的心情。进入青春期的孩子，特别是住校的孩子，是比较长时间待在校园这样相对封闭的环境里的，假如周围的伙伴对其进行言语欺凌，会让他的大脑被迫进入一种紧张的生存模式，而长期的慢性压力已经被证实会对正在发育中的孩子的大脑产生非常不好的影响。

这种压力会影响到大脑中海马体以及前额叶皮质的发育，会逐步影响到个体的情绪管理能力，进而可能会出现失眠、情绪失控等常见的现象，给其他同学的感觉可能是这个同学怎么越来越不合群了，实际上这些都是这个同学遭受到巨大压力后的应激反应，进而出现厌学的现象。而且抑郁、焦虑等精神状态也已经被证实和大脑活动区域中管理情绪的部分有着紧密关联。

明白上述两种危害之后，我们就能够理解，案例中晓雪被同学叫作"肥婆"时，她所承受的压力有多大。判断一个外号是否带有歧视性或侮辱性，我们不能从旁观者的角度来考虑，"肥婆"这个称呼是否有伤害性，必须要以当事人晓雪的感受为准，她不喜欢被人叫"肥婆"，被人叫肯定是不开心的，当然内心也就被迫承受了许多压力。

更大的问题是，晓雪在学校长期被人这么叫，告诉过老师也没有得到解决，也不敢告诉妈妈。晓雪的大脑长期处在这样的压力下，出现失眠、抑郁的情况也就不奇怪了。

从因果关系来看，晓雪出现失眠、抑郁等迹象的伤害后果，可能不仅仅是在学校遭到同学喊"肥婆"外号的言语欺凌这一个因素，但不管是由多少个因素造成了最后的伤害后果，我们必须理解，言语欺凌肯定是最重要的一个因素。

亲爱的女孩，在校园叫同学不喜欢的外号看起来是一件平常小事，但当我们明白这样小的行为可能会带给对方非常大的伤害时，我们就要告诫自己，不做跟随者，不叫同学不喜欢的外号，也不做对同学进行其他言语欺凌的行为。

# 故意不和某个同学玩，为何变成社交欺凌？

## 女孩的小心思

同桌和一个女生闹矛盾，她说了这个女生的一些坏话，让我不要再理她，不要和她玩。而且同桌也告诉另外几个朋友，让大家都不要理那个女生。但那个女生一直把我当朋友，我该怎么办？

校园安全

当某个同学被孤立时,作为被孤立的一方内心会受到非常大的伤害,这种伤害超乎我们想象。有一个朋友讲述过她女儿晓粒的遭遇。

晓粒(化名,女,13岁)因为父母工作原因而转学来到一所新学校。新学校初中学生周一到周五住校,周末回家。在父母眼中晓粒虽然成绩一般,但平时比较乖巧听话,让父母比较省心。

第一学期晓粒基本正常上学,住校期间只是偶尔会和妈妈讲想回家。不过,当妈妈说没空接她,等到周末再来接她回家时,晓粒也不会说什么。

第二学期开学不久发生了一件事。有个女生小娣(化名,女,14岁)找晓粒借手表带去搞活动,小娣还手表时,晓粒没留意就接过手表,但第二天晓粒发现手表坏了,她觉得应该是小娣弄坏的,于是找小娣赔。小娣一开始还说不好意思,后来干脆说是晓粒自己弄坏的来诬陷她,因为此事两个女同学闹掰了。

不久之后,晓粒开始觉得宿舍的舍友会故意和她疏远,慢慢地,晓粒觉得班上其他女生也不和她玩了。去饭堂、去宿舍,大家都是三三两两,只有晓粒是一个人。即使班上有时分组学习,晓粒也是被老师安排到哪个组就是哪个组,没有同学主动邀请她。

第二章 了解校园欺凌，不做欺凌者

加上晓粒本身性格内向、敏感，有时候走过同学身边，看到同学见她过来就停止聊天，于是又觉得同学是在背后说她坏话，更加郁闷、难受，并开始有了失眠症状。

晓粒因为在学校出现失眠症状，导致白天上课精力不足，学习成绩开始明显下降。她向父母提出转学的要求，但被父母拒绝了，于是更加觉得难过、没有希望，逐步发展到当感觉特别难受的时候就会划伤手臂、手腕来缓解。

有一次，晓粒在自己手臂、手腕处上的划痕被同学看到了，同学当面嘲笑了晓粒。班主任发现后，和晓粒父母沟通，让其父母关注一下晓粒的精神状态。晓粒父母这才开始意识到问题的严重性，于是带晓粒看心理医生。心理医生诊断晓粒患上了抑郁症，幸运的是还只是轻度抑郁。后来晓粒的父母帮她办理了休学手续，进行了一些康复治疗，半年后晓粒才返回学校继续读书。

没有经历过被孤立的人，可能无法想象被孤立是多么让人受伤。我在和其他心理咨询师交流的时候，了解到一些因为厌学来咨询的学生，他们常常会讲到一个共同的原因，就是被孤立，在学校没有人和自己玩。

这种校园社交欺凌到底会对人产生什么样的危害？

| 第二章　了解校园欺凌，不做欺凌者

在青春期这个阶段，和同学建立并保持友谊，是我们每个同学都有的心理需求，拥有同辈之间和谐友善的情谊也是我们生活幸福的一个重要内容，这也是我们生活中应该有的状态。每个人都有交朋友的自由，而交朋友的核心是感情真诚，同学情谊更是我们值得珍惜的感情。

校园里，假如有人故意要求他人或者制造事端去孤立某个同学，或者某个同学利用自己的一些优势条件经常忽视某个人，在校园社交活动中排挤、边缘化某个人，这样的行为都属于社交欺凌。

实施社交欺凌的一部分人是故意的，但有时候很多实施社交欺凌的人，并没有觉察到自己的行为是在对他人实施欺凌，所以社交欺凌在校园里是最隐蔽的，而且持续的时间也比较长。

因为其隐蔽性，社交欺凌的危害还没有被广泛认识到，社交欺凌没有语言、肢体等暴力主动攻击的情形，表面看起来好像没有什么危害，让人察觉不出来。所以造成被欺凌者长期处在困境中，长期的心理压力对被欺凌者的危害也往往更大。社交欺凌的危害就好像是"温水煮青蛙"一样，被社交欺凌的人最后往往出现比较严重的心理问题才能被发现，所以我们要对社交欺凌有清醒的认识。

**第一，不做故意去实施社交欺凌的那个人**。常见的社交欺凌行为有：散布恶意的玩笑；故意排斥某个人加入某一个团体或组织；故意对某人冷漠；骚扰他人，或背后说人坏话；胁迫或拉拢其他人做上述行为；等等。

同学之间应该友爱相处，我们不希望自己被这样对待，推己及人，当我们懂得这些行为会对他人造成非常严重的伤害时，我们也应该主动停止这样的行为。

**第二，不做故意实施社交欺凌的跟随者。**当有同学要求我们不和某个同学玩的时候，我们多思考一下，她提这样要求的目的是什么？我们要有自己独立思考的能力，多角度去沟通，捍卫自己独立选择朋友的权利。假如我们觉得困惑，可以把自己的困惑向老师、父母或者自己信任的成年人讲出来，寻求他们的帮助。假如我们和某个同学之前是朋友，那可以选择主动做解释矛盾、化解矛盾的工作；假如我们和某个同学之前是普通同学关系，那可以选择维持现状，没必要故意疏远也不用故意拉近关系。

**第三，尽可能做被孤立者背后的那个支持者**。社交技能是我们需要学习的一项技能，帮助有需要的人，与人为善，与同学和谐相处，不做欺凌者，才是更加成熟的社交态度。当一个人被孤立后，她内心是非常渴望有人来主动接近的，就好像一个快要渴死的人得到一滴水一样，一句主动的招呼就是那救命的一滴水。

除了不做社交欺凌的加害者和追随者之外，我们还可以选择帮助身边有类似遭遇的朋友、同学。赠人玫瑰，手有余香。

# 4

## 在社交平台发布他人隐私是网络欺凌吗?

**女孩的小心思**

我看到微信群在传一段校园欺凌的视频,从视频中女孩们所穿的校服看,她们应该是我们学校的。视频是在厕所拍的,其中一个女孩正在殴打蹲在地上的一个女孩,还有人在扯这个女孩的上衣,在厕所出口处有的女孩在起哄,还有其他女孩在旁边围观。我突然觉得被打的女孩很可怜,万一自己上厕所时,遇到这样的情况该怎么办?

| 第二章 | 了解校园欺凌，不做欺凌者

亲爱的女孩，这种发生在学生身上的肢体殴打、扯衣服之类的行为属于校园暴力欺凌，如果有人拍摄了视频并进行传播，那这种传播行为就属于"网络欺凌"。我在法治进校园活动中，曾经了解到这么一个关于网络欺凌的事件。

小望（化名，女，13岁）身材比较胖，有一次不知道哪个同学发了一张她大口吃东西的照片，大家觉得很搞笑，就在同学群之间传播开来。照片转了一圈后，一些同学为了搞怪，开始修图恶搞。于是小望这张照片的各种恶搞修图开始在许多群传播，甚至外校的同学看到照片也来询问小望。

小望长得胖胖的，和同学相处还算融洽，有两三个比较要好的朋友，平时在校园并不起眼。但这样的恶搞修图流传开来之后，大家开始对小望的身材指指点点，几个比较要好的朋友也似乎在有意疏远她，小望觉得非常难过，但对恶搞图的传播没有办法。有时候在校园吃饭或者吃零食时，认识和不认识的人都会对她指指点点或取笑，为此她常常躲起来大哭。

后来见事情越来越严重，小望在父母陪同下报警，但公安机关对此事侦查的情况不乐观，因为这些恶搞照片难以被定性

为"侮辱",但事件对小望的负面影响却是实实在在的,小望逐渐不敢上学,最后被迫转学。

在网络上传播他人的虚假或负面消息,比如可能造成伤害后果的言语、图片、隐私事件等,都属于网络欺凌。对于网络欺凌的特殊性,我们该如何认识呢?

网络欺凌有这么三个核心要素：其一是通过互联网的方式；其二是网络信息的发布者即欺凌者，在主观上是非善意的；其三是对被害人造成了实际的伤害。

网络欺凌往往不是单独存在的，它经常和暴力欺凌、言语欺凌、社交欺凌等其他一种或者多种欺凌混合在一起。

网络具有几何倍数放大的作用，俗称"网络效应"。这也就是说，网络欺凌对人的负面影响也会呈几何倍数增长，伤害同样是几何倍数的增长。

常见的网络欺凌有以下几种形式：

**第一种是直接通过互联网发布、传播针对他人恶意的信息，包括虚假的和负面的文字、图片、视频等，直接通过网络对他人造成伤害。** 形式上有：在网络上直接使用语言暴力攻击他人；将被害人的相关个人隐私资

料在网络上公布、公开；把受害人的照片通过各类软件进行修图改造或进行恶性剪辑，并配以诽谤性的恶意文字发布、传播；在论坛等其他网络平台利用管理员等便利对某个人的发言恶意置顶或者恶性予以删除，对一些信息实行双标处理；利用网络影响力号召纠集网民对某人进行恶意抵制或者打压。

**第二种是把发生在线下的欺凌在网络上进行传播。**校园各类其他暴力事件一经网络曝光，常常会成为各界关注的焦点。这些负面影响和伤害通过朋友圈、社群等互联网形式传播无疑是对被欺凌者的二次伤害。

**第三种是网络欺凌角色的互相转换。**当一个校园暴力事件曝光后，原来的欺凌者也可能成为被欺凌者。这种情况，网络匿名的效应会特别凸显，往往会造成更加恶劣的后果。

不论是上述哪种网络欺凌方式，最后都会形成比较大的破坏力，这个破坏力往往超出了欺凌者和被欺凌者的想象。而一旦引起"网络浪潮效应"，浪潮的破坏力更强，欺凌者也会被反噬，成为被欺凌者，造成的后果可能会更严重，取证也更加困难。

作为学生我们要主动拒绝网络欺凌，不发布、不传播，遇到这类信息主动告知老师、父母或可以信任的成年人，请求成年人的帮助。

第三章

防范校园欺凌，勇敢做自己

# 1

## 面对同学的恶作剧，该怎么应对？

**女孩的小心思**

自习课，班上有个同学把毛毛虫放在我的课桌上，吓得我"啊啊"大叫起来，引得班上其他人都看我，好多同学在偷笑，搞得我很难堪。

放学收拾书包准备回家的时候，我又发现了一条虫子，恶心死了，搞得我连书包都丢开了。后来还是另外一个同学帮忙拿了一根棍子过来，把虫子挑开了。

遇到同学这样的恶作剧，该怎么办？

有的人喜欢通过实施恶作剧来获得某些心理上的满足，但被捉弄的人常常感到难堪。那我们该如何应对这类恶作剧呢？有没有什么方法可以有效阻止某些同学的恶作剧呢？我亲戚的小孩曾经遇到过类似的问题，后来在家长帮助下，成功阻止了同学的恶作剧。

亲戚家小孩晓雨（化名，女，10岁）平时不爱运动，就喜欢静静坐着看各种各样的书，所以眼睛早早就近视了。在班上，她属于比较早戴上了眼镜的学生，所以常常有同学拿她眼镜来玩。

一段时间内，晓雨的眼镜连续坏了两次，晓雨父母觉得很奇怪，女儿一直是很小心的人，这段时间怎么总是弄坏眼镜呢？经过仔细询问晓雨才知道事情的原委。

第一次，晓雨把眼镜取下来放在课桌上，然后去教室外面了。上课铃响后，因为晚了一点点，她急急忙忙从教室外面回来就一屁股坐下来，却发现坐到自己眼镜了，然后眼镜腿就断了。她当时觉得有点奇怪，记得自己明明是把眼镜放在课桌上的，怎么在凳子上了呢？虽然有点怀疑是同学故意弄的，但没有证据。

第二次，她去上体育课，特意把眼镜放在眼镜盒里，但她回来打开眼镜盒的时候，眼镜盒里面多了一条虫子，眼镜也被弄坏了，但不知道是哪个同学弄的。

第三章 | 防范校园欺凌，勇敢做自己

于是在家长的陪同下，晓雨将这些情况反映给了老师，老师开班会就此进行了批评教育，但由于没有证据证明具体是谁弄坏眼镜的，也不好惩罚谁。

那天晚上，晓雨回到家后闷闷不乐，晓雨的舅舅刚好来到她家，问清楚事情原委后，就教给了晓雨一个办法，并在家练习了很多次，直到舅舅说差不多可以了。

后来在一次自习课上，晓雨回到教室打开眼镜盒，发现眼镜盒里又多了一条虫子，眼镜腿也歪了。然后晓雨坐下来，故意大声自言自语："好你个虫子，你居然一而再，再而三弄坏我的眼镜！"然后把虫子放在桌面上，拿书本用力往虫子身上一拍，虫子被弄得稀巴烂，把同学都吓了一跳。之后晓雨拿着弄歪的眼镜，故意说："眼镜，你真软弱，看我不教训你！"然后直接用力把眼镜掰成了两半！

放学后晓雨被妈妈接回家，马上打电话把事情告诉了舅舅，并告诉舅舅自己当时紧张得要命。舅舅安慰晓雨道："不怕的，你拍死的是虫子，又不是同学，另外你掰坏的是自己的眼镜，不会有人找你麻烦的。"舅舅还让晓雨自己感觉两个星期后再说。

没想到，从此以后，晓雨的眼镜再也没有人动过了，也没有出现过之前被人故意放虫子的情况。晓雨问舅舅为什么这样做可以阻止到同学继续恶作剧，舅舅只是笑着告诉她，等她长大就明白了。

案例中晓雨遭遇到的是同学故意毁坏财物的暴力欺凌。日常生活中，我们一般把这样的行为当作是一种恶作剧，事实上，这就是一种欺凌。

那我们可以从这件事中得到什么启发呢？

## 检察官妈妈支招

同学之间偶尔开玩笑并不是不可以，玩笑是为了大家乐一乐，开玩笑的程度是让彼此都不感到讨厌或难受。假如开玩笑时，只是一方觉得好玩开心，被开玩笑的一方却感到不开心、难堪甚至难过，这已经不是同学之间的玩笑了，而是恶作剧，是欺凌。

面对这样的情况，我们该怎么办呢？知己知彼，有针对性地找到应对方法，才能保护到我们自己！在这里，我们先分析一下案例中晓雨舅舅教给晓雨的方法起到作用的原因。

原因一，晓雨对虫子的反应没有惊慌失措、害怕，反而表现得很淡定，我们暂时先不讲这份"淡定"是真的还是装出来的，但这种表现肯定不符合实施"恶作剧"欺凌者的心理预期。因为这类欺凌者一般是通过实施这样的行为来满足一定的心理需求，希望看到被欺凌者表现出弱小、害怕、回避等反应，从中获得畸形的快感。假如被欺凌者没有这些表现，出乎他们意料之外，也就是说欺凌者在内心多多少少会有所失望，这就会降低其再次实施欺凌的动机。

原因二，晓雨对虫子的反应动作（经过反复练习的用书本拍死虫子的行为）超出了欺凌者的想象。原本欺凌者心里认为被捉弄对象会害怕虫子，做出啊啊大叫、丢开虫子、自己跑开等反应，但晓雨直接拍死虫子的行为是直接面对，这就给到欺凌者一种意外的震慑作用，然后会让欺凌者产生一种或多或少不明对方底细的不安全感，继而有所忌惮，再次实施欺凌行为的动机进一步下降。

原因三，晓雨通过刻意练习，故意愤怒地自言自语、直接把自己的眼镜当众掰烂，这种具有攻击意味的方式表现出来的愤怒是带有一定威慑力的，目的是告诉对方，自己不是好惹的，一旦有机会爆发是具备还击的力量的。这种气势也会让搞恶作剧的人产生或多或少的害怕心理，从而不再考虑继续实施恶作剧欺凌行为。

我们一直强调和同学要友善相处，不做欺凌者。但当我们遇到欺凌行为时，也需要学习如何积极应对，掌握一些有效的方法和策略，不做忍气吞声的被欺凌者。

**第一，阻止暴力欺凌持续发生，最重要的是我们的勇气！** 实施恶作剧欺凌的人一般都是为了满足自己的一些畸形心理需求，为了恶作剧的成功，他们一般会挑选一些看起来柔弱、胆小、怕

事的人。因为针对这样的人来实施恶作剧，不仅能增加得逞机会，更能满足心理刺激需求，还可以最大可能地逃避被惩罚。假如我们隐忍的话，只会让对方更加笃定继续实施恶作剧，实施欺凌。

**第二，在欺凌行为刚刚开始的时候，就勇敢起来。** 从现实中很多比较严重的暴力欺凌事件发展过程来分析，欺凌中的暴力是逐步升级的。恶作剧也是这样一点

点、一步步升级的。暴力常常从针对财物的暴力欺凌发展到针对人身的

暴力欺凌。而刚开始的恶作剧往往是更加严重的暴力欺凌的序曲，我们应该鼓起勇气在事件还没有严重之前，勇敢制止。

**第三，即使我们内心仍旧害怕，也可以通过"刻意练习"来表现出勇敢的样子。** 我们可以问问自己，再次遇到这种情形的时候，我们内心期待自己勇敢的样子是怎样的？我们希望自己用什么语气说出什么话？我们可以希望自己做出什么样的行为？然后，把这些语言、

行为、样子通过写或画的方式表达出来，在家里照着反复刻意练习！在练习的过程中，邀请家里信任的人来旁观，指出我们需要改进的方面，直到练习的行为和话语确实可以表现出我们勇敢的样子！

**第四，需要提醒的是，当我们自己感到没有能力和办法来解决问题的时候，要学会寻求帮助。** 我们可以通过告诉老师或家人，来阻止恶作剧的发生，也可以借鉴案例中晓雨的方法，让家长

帮助我们，锻炼我们的勇气。做到了这些，我们大概率就可以像晓雪一样，成功阻止欺凌者类似的欺凌行为了。

## ② 总是有人要我帮她买零食吃，该怎么拒绝？

### 女孩的小心思

住校的时候，家里人担心学校伙食差，所以给了我不少零花钱，让我在学校买点东西吃。有时候买多了反正吃不完，就请同学吃。这样过了一段时间，同学好像习惯了，有时候我没买，她们就直接问我要。可是天天这样买，我的零花钱也不够了。我该怎么拒绝她们呢？

| 第三章 | 防范校园欺凌，勇敢做自己

懂得和同学朋友分享是一件好事，但朋友之间是双向关系，分享也应该是双向的，单向付出常常会导致事与愿违的结果。我朋友家小孩晓米曾经经历过一件类似的事情，后来还导致孩子因此而转学了。

晓米（化名，女，11岁）的父母工作忙，家庭条件也不错，于是就送晓米到私立寄宿学校读书。晓米父母因为陪伴比较少，心存内疚，对孩子在经济上比较大方，所以晓米在学校花钱也比较随意。

晓米为了搞好同学关系，经常花钱请同学吃夜宵，几乎是每周都会请。刚开始同学还会说"谢谢"，慢慢地就不再客气，会直接问晓米啥时候买夜宵，再后来当晓米有时忘记买夜宵了，同学还会埋怨她。

晓米觉得不开心但又不好意思说出来，当同学提出来后，她又去买夜宵。直到有一次，有个同学问晓米夜宵买了没，晓米说忘了带钱，然后被这个同学嘲讽了一番，晓米一气之下和她吵起来。

吵完架第二天，原来吃夜宵关系还不错的同学都开始疏远晓米，不怎么爱搭理她了。晓米觉得自己很委屈，但又说不出来，

# 检察官妈妈写给女孩的安全书

## 校园安全

于是更加闷闷不乐。就这样持续了一个多月后,晓米和班上的同学都不怎么说话了,慢慢出现了失眠症状,上课也无法集中精力,学习成绩显著下降,父母才开始关注晓米。

晓米父母了解到事情的前因后果之后,也想不出更好的办法来帮助晓米,后来晓米提出转学的要求,晓米父母答应了,于是帮她转学了。

听到晓米父母告诉我这么一件事的时候,我很是感叹。晓米主观上想要得到更多人喜欢,想交更多的朋友,所以非常大方地请大家吃夜宵,但这种单向的付出最后却发生了不愉快的事情,导致自己被孤立。那么,我们该怎么做才能获得真正的友谊呢?

## 检察官妈妈支招

案例中晓米请同学吃夜宵，反倒吃出了矛盾，自己花了钱，没有得到期待的友谊，真是应了这句俗语——"斗米养恩，担米养仇。"

这个俗语故事，讲的是两户人家比邻而居，关系和睦，一户比较富足，一户比较贫穷。有一年大旱，粮食绝收，穷人于是去找富人借米，富人看到邻居穷人可怜，于是给了他们一斗米，穷人非常感恩。后来穷人又没吃的了，于是继续找富人要米，慢慢地，穷人开始习以为常地找富人要米。直到有一天富人说自家的米也不够吃了，给穷人的米少了些，这个时候穷人反倒说富人小气、吝啬，富人听说后很生气，从此两家关

系交恶，不再来往了。

这个故事的寓意是，如果别人在危难或需要时，你给了他一点帮助，他会感激你；如果你给的帮助太多，让对方形成了依赖，一旦你停止帮助或者减少帮助，反而会让对方记恨你。

当然，我们可以在道德上谴责忘恩负义的人，但要防范这样的事情，我们还需要了解这种现象后面的心理机制，来帮助我们在人际交往过程中避免踩一些不必要的坑。

现实社会中出现这种"斗米养恩，担米养仇"的现象不少，其背后的心理机制是这样的：一个人假如接受了本不应该获得的他人的巨大好处或恩惠，或者这个好处已经超过了一般水平，接受好处或恩惠的人实际上除了喜悦之外，还会含有负面情绪体验。这个负面体验就是内疚情绪，而内疚是形成人心理压力之一的因素。当受到的好处或恩惠越多，个体内心暗含的内疚感就越强，心理压力就越大，负面感受也就越强烈。

而根据人的情绪心理防御机制，人有回避痛苦的天性，所以个体必然会有意识或者无意识地去摆脱这种心理压力。一种方式是积极地有意识地摆脱内疚压力，接受恩惠的一方会自己再次付出或帮助他人来获得平衡；另外一种方式是消极地无意地摆脱压力，作为接受恩惠的一方常常会以自己也帮助过对方（给予者）的自欺欺人说法，或者扩大指责对方（给予者）的过错来缓解和释放自己内在隐形内疚的压力，现实中表现出来就是我们看到的"忘恩负义"的行为。

给予和分享在交朋友中是必不可少的,但交朋友是双向的情感互动,也就是说给予和分享也需要是双向的。当我们作为给予一方的时候,切记,适量就好。

有些人不用成为朋友,但也要避免交恶,而对于想占便宜的人,越早拒绝越好,早拒绝反倒可以维持正常的一般关系,不至于恶化,这是保护我们自己的一种方式。

# 面对恶意的外号，该怎么应对？

**女孩的小心思**

从小到大我都不喜欢"肥妹仔"的这个外号，但也很无奈，从家里人到学校同学，这个外号从小学跟到初中，自己只好努力减肥。如果我减肥成功了，还是会被人叫"肥妹仔"，该怎么办？

我相信很多同学都有过类似的经历，有时候我们自己讨厌的外号总是如影随形，影响我们的心情，更严重的时候甚至让我们产生怀疑人生的念头。面对这样一些说恶劣不算特别恶劣，说不恶劣又时常影响心情的语言欺凌，还真是需要我们培养自己拥有强大的心理承受能力！下面的这个案例，是我朋友自己真实经历的，给大家讲讲。

我朋友静静现在已经是两个孩子的妈妈了，有一次她和我聊起关于小时候被人叫外号的事情，我们探讨了这样的事情对人长大后一些行为的影响。

静静小时候爱吃，从小就胖乎乎的，小时候家里亲戚觉得她胖乎乎的很可爱，就叫她"肥妹仔"。她自述七八岁前，对于这个称呼都没觉得有什么不好的感觉。但上学后，讲究身材形象，同学叫她"肥妹仔"，她就觉得很不舒服，非常讨厌。因为曾经被叫"肥妹仔"深深伤害了自尊心，以至于直到成年后，她对自己身材的管理都异乎寻常地严格。

从小学到初中，静静被叫了好几年的"肥妹仔"。女孩子随着年纪增长对自己的身材外貌会特别在意，静静对于那几年被叫"肥妹仔"一直耿耿于怀，非常没有自信。有时候，有的同学还会故意

| 第三章 | 防范校园欺凌，勇敢做自己

叫她外号和她开玩笑,以至于她郁郁寡欢了好长一段时间。后来即使有人夸她漂亮时,她也常常怀疑是假的。

事情的转机在初中后,静静那时14岁。首先,她在家里不准家里人叫她"肥妹仔"这个外号,这个比较容易,家里人见她这么正式声明,也就答应了。但在学校却无法阻止其他同学继续叫她这个外号,除了最好的朋友叫她静静之外,几乎其他同学都叫她外号,无法改变。因为她知道自己长得胖乎乎的,身形如此,"肥妹仔"的称呼似乎就是一个外貌标签。

最后她决定行动起来,花了近一年的时间减掉了差不多40斤,从此之后,叫她"肥妹仔"外号的越来越少,同学们感慨说,差点都认不出来了。后来,即使偶尔同学还会叫她一声"肥妹仔",她也没有之前那样难受的感觉了。静静也从此慢慢建立起了自信。

我们知道语言暴力最大的危害就是打击一个人的自尊水平,伤害一个人的自信。遇到有人叫自己讨厌的外号,我们往往无法阻止。既然我们无法改变别人,我们就可以学习案例中的静静,从改变自己开始,重新找回自信。

从上述案例中,我们可以得到一些什么启发呢?

语言暴力有时候确实是伤人于无形,但只是"有时候",当我们内心具有强大的自信和抗挫能力时,语言暴力是很难伤害到我们的。因为当一个人对我们实施言语欺凌的时候,这样的语言暴力是否能伤害得了我们,还取决一个因素,就是我们对这句话、这件事、这个人的看法。

我们先从案例中静静减肥前和减肥后,听到同学叫她"肥妹仔"的不同心理感受来分析一下。

减肥前,静静听到别人叫她"肥妹仔",不论对方是恶意这样叫她还是平常习惯性地这么称呼她,她的感受都是不喜欢的,有难过、有生气,还有愤怒。因为她内心知道自己长得胖,重点是她内心也认为身材肥是不好的,是丑的。当她内心存在这样的看法时,有人叫她"肥妹仔",实际上就是一次次在印证她内心的看法"我是不好的、我是丑的"。也就是说,"肥妹仔"这个叫法,不仅仅是别人在否定她,同时也是她自己在否定自己。

当我们一次次自我否定时,个人会感到非常难受。一个人难受的时候,当然外在状态就不好了。

减肥后,静静还是会听到同学叫她"肥妹仔",但她却没有什么不好的感觉了。因为这个时候,她通过自己的行动改变了自己的体型,她清楚地知道自己已经瘦了 40 斤,身形上也不再是一个小胖妞了。她内心对自己的看法也已经改变了,同学叫她"肥妹仔",只是之前的一个习惯,她内心确信的一个观点是:"我已经瘦下来了,身材变好了,你叫我肥

妹仔不是事实,我是棒的,我是美的。"

因为个体内心观念的改变,让她确信对方这句"肥妹仔"不是真的。个体内心原来否定自己的那个声音已经不存在了,虽然外在的声音"肥妹仔"同样出现,但已经没有了伤害力,个体的心情也就不会受到影响了,这就是自信的力量。

静静通过行动改变了自己的形象,更改变了自己内在的认知,强大了自尊自信,让语言暴力失去了伤害力。

那么,当我们遇到类似的言语欺凌时,可以通过什么样的方法抵御这样的伤害呢?

**第一,我们要觉察对"语言暴力"的感受和反应。**当我们听到这样的话时,是什么样的感受?是生气?是愤怒?是难过?是难堪?还是其他什么情绪?理清楚情绪,并把情绪一一记录下来。

等心情平复下来后,仔细想一想,再问问自己,刚才我为什么会生气?尝试把答案写下来,然后再问问自己最在乎哪一个观点和看法。

**第二,找到自己最在乎的看法和观点后,可以尝试从外在和内在两个方面找出路。**针对外在的因素,我们想想哪些方法可以阻止别人继续说出这样的暴力语言,比如找老师帮助制止;直接要求对方不要继续这样讲;

远离经常对自己进行语言暴力的人；等等，这些都是可以尝试的方法，只要有效都可以做。

针对内在的因素，就是改变我们自己内在的看法和观念。从内心改变一个看法和观念并不是一件容易的事情，需要我们做出努力。比如，案例中的静静，假如她没有通过行动减肥成功，没有真实改变自己的体型，我相信即使其他人对她说一百遍"你是好的，你是美的"都不会起作用。因为这不符合自己个体内心的看法，这只是别人告诉她的看法。

当别人告诉我们看法时，我们内心是否也同样确认这个看法，得问自己内心。所以，改变内心的认知，需要我们自己做出努力后加以确认。

**第三，用行动来改变自己，让自己变得比之前更好更强大**。我们对自己的评价是否客观真实，是否恰如其分，是过于自卑还是过于自大？这需要我们不断学习和调整。从来没有一成不变的状态，我们可以在调整中真正建立属于自己的

自信和自尊。其中一个抵抗语言暴力伤害的重要能力就是我们不断自我调整的能力，这个能力就是抗挫力！而抗挫力又来自我们的思考能力和行动能力。所以，学会分析、思考相关的应对语言暴力的方法，然后把恰当的方法付诸实践，才是抵御语言暴力伤害的有效办法。

# 4

## 在班上感到被孤立的时候，我们可以怎么做？

**女孩的小心思**

插班来到新班级，有一次在讨论的时候因为一个问题和副班长争执了几句。没想到的是，第二天我叫她，她就不理我了，过了一星期，好几个女同学对我都是爱理不理的。这就有点尴尬了，该怎么办？

| 第三章 | 防范校园欺凌，勇敢做自己

亲爱的女孩，在学校被孤立、排挤是一件非常让人难受的事情。我们都希望自己在一个集体中是受欢迎的，但万一遇到被孤立和排挤的情况，我们有什么好的方法应对呢？

上一章我讲过朋友晓娟的故事，当时她遭遇到语言欺凌，随之而来的是孤立。她是怎么度过的呢？

晓娟转学来到新集体，加上性格比较文静，不爱主动结交朋友，所以在新集体还没有与自己感情相对比较好的朋友。她在没有招惹谁的情况下，遭遇被人在黑板上写下侮辱人的话，在这样一个新集体里，没有朋友的支持，该怎么自救？

当时晓娟心里知道是谁写的侮辱性的话，但没有证据。无法确定是哪个人，可以惩罚对方的方式就非常有限，所以当时晓娟没有寻求老师的帮助。另外晓娟担心自己刚来到一个新集体，对于是否会遭遇到更恶劣的对待也不确定，更加不敢轻举妄动。

晓娟在心情非常糟糕的情况，选择了一心沉迷学习的方式，她努力通过考试来证明自己，每次考完试公布成绩，她就会感

检察官妈妈写给女孩的安全书

校园安全

到些许安慰和开心。晓娟能够把内心的愤怒和压抑转换成抓紧时间学习的动力，她没有沉迷在这样糟糕的情绪里不能自拔，找到了自我安慰的途径，这需要强大的内心。

当我们在一个集体中感到被孤立、排挤时，为自己找一个目标，然后集中自己全部的精力去达成这个目标，这不失为一个好方法，但还真不是人人都可以做到的。下面，我们看看还有没有其他什么好的方法。

不管是什么原因,在一个集体中被孤立、被排挤,意味着我们在这个集体中没有朋友,这会让我们的心理遭受重大创伤。如何避免被排挤、被孤立,我们可以从预防和面对两个角度来学习一些有效的方法。

**首先,从预防的角度来说,避免自己被孤立最好的方式就是要结交自己的好朋友。**好朋友之间彼此了解,更容易在对方感到困难的时候给予支持,但交朋友是一个双向的行为,我们需要朋友,但也要学会如何成为别人的朋友。

成为真正朋友的前提是需要彼此了解,所以我们可以主动选择和有着共同兴趣爱好的同学交往,多参加学校的集体活动,因为有着相同的兴趣爱好更容易有共同的话题,促进彼此了解。在彼此成为真正的好朋友后,才会有相互体谅、相互感恩、相互促进和相互支持。

在这里我们必须要提醒，不要结交损友。好的朋友是互相促进、积极向上的，而不是一起去做违反法规、伤害他人的事情的。

**其次，从面对的角度来讲，当我们面临被孤立被排挤的情形时，需要调整心态，积极面对。**

第一，是及时报告，不要害怕告诉老师或者家长。当已经发生了有关欺凌事件，告诉家长、老师或者我们信任的其他成年人，就如同我们遇到坏人报警一样，我们不需要自己一个人承担心灵上的创伤。

第二，主动避开制造事端的同学。这里我们要预判一下自己接下来是否可能会受到进一步的伤害，这个伤害可能是言语欺凌，也可能进一步演化为暴力欺凌，所以主动避开事端不是让我们回

避事件，而是保障我们的人身安全。

第三，当出现情绪困扰，暂时又还没有找到解决的方法时，可以加强体育锻炼。跑步、打球等运动都可以帮助我们有效地缓解情绪，因为经过脑科学家和心理学家们的研究，保持体育运动可以让我们身体的焦虑水平和抑郁水平得到有效改善。

第四，当我们对自己的情绪难以掌控，生活学习已经受到很大困扰的时候，寻求专业的心理帮助，是最好也是最快的恢复途径。被孤立、排挤会造成我们心理上的困扰。当出现注意力无法集中、失眠等症状时，我们需要懂得主动寻求学校心理老师的帮助，或者把自己真实的状态告诉父母，让父母带我们去看心理咨询师或医生。

## 面对暴力欺凌，该怎么办？

**女孩的小心思**

听说一个女同学被几个女生堵在厕所扇嘴巴，光听说就觉得很害怕，要是真遇到这样的事情，该怎么办呢？

暴力欺凌是一种非常严重的欺凌，常常诱发严重的刑事案件，对欺凌者和被欺凌者来说都是非常大的伤害。下面的这个案例是我在工作中讨论过的一个案件，类似的案件媒体也有过报道。

范某（化名，男，16岁）因身材比较瘦小，平时会受到一些大个子同学的嘲笑、戏谑。有一次在食堂，范某在排队，一同学李某（化名，男，17岁）故意插队，并对范某出言不逊，故意冲撞推打范某。

范某非常窝火，想起以前的种种遭遇，越想越气，于是一气之下回到宿舍拿了一把水果刀，直接去到饭堂门口找李某，对着李某说了一句："道歉！"但李某没意识到危险，继续用语言侮辱范某，范某直接拿着水果刀就向李某刺去……

案件最后的结果是，李某因失血过多休克，范某因涉嫌故意伤害罪被判处有期徒刑十五年。

这是一起典型的因校园欺凌诱发出的刑事案件，对欺凌者和被欺凌者来说都很让人痛心。上一章我们讲过首先我们不做欺凌者，那假如我们遇到暴力欺凌该怎么保护自己呢？

| 第三章 | 防范校园欺凌，勇敢做自己

对于可能发生的校园暴力欺凌，我们要尽可能学会保护自己，以下几点值得注意：

**第一，主动避开可能对自己实施暴力伤害的人。**在意识到有人故意针对自己的那段时间，不要单独一个人去学校无人监管的地方，在校园内和校园外都尽可能结伴而行，避免单独一个人行走。

**第二，在避无可避的情况下，如果我们已经和针对自己实施欺凌的同学相遇了，这个时候记住保证自身人身安全是第一位的。**因为暴力行为一旦被激发出来，后果往往不可控制。我们需要预判一下自己所处的危险，当自己明显处在力量对比弱势一方的时候，尽可能不要用言语或者动作去刺激对方、激怒对方，尽可能拖延或者满足对方的一些要求，缓解对方激动的情绪,让情势缓和下来。同时,注意留意周围情况,争取机会求救,或者采取一些动作来引起附近人的注意,为自己求得机会离开。

**第三,及时报告,这一点非常重要。**告诉老师和家长我们的恐惧和担忧,这不是懦弱的表现,反倒是体现出自己寻求保护的能力,是一种机智和勇敢。假如报告一

次后没有完全让欺凌者停下欺凌的举动,我们要再次及时告诉老师和家长,要求学校公开出面做出处理。欺凌者其实是更害怕被曝光在阳光下的,只要我们足够勇敢,让他们所有的行为都在大家目光的监督下,这样的暴力欺凌是可以得到有效遏制的。

**第四,尽可能多参加学校的集体活动,特别是一些体育项目的集体活动,尽可能多结交有共同爱好的朋友。**锻炼身体让我们看起来更加强壮,朋

检察官妈妈写给女孩的安全书

友多让我们拥有可以获得支持的安全感,也就减少了被欺凌的概率。

最后我想说,校园暴力欺凌是复杂的,因为有时候暴力的威胁即使是解除了,我们人身也获得了安全,但有可能曾经遭遇过的恐惧、担忧、愤怒等情绪还在,这些情绪可能还会干扰我们身心健康,我们需要对自己的身心状态有所觉察,早点确定自己是否应该寻求专业心理咨询的帮助。

**假如下面任何一种情况出现持续两周以上,务必寻找专业心理咨询的帮助。**

○ 几乎每天大部分时间心情低落抑郁,或者总是想发脾气

○ 几乎每天大部分时间对学习、活动等事情失去兴趣

○ 注意力很难集中或总是上课走神

○ 懒散不想动

○ 经常失眠或者总是睡不醒

○ 一个月内没有刻意减肥或增重时自己体重明显减轻或者增加

○ 总是感到疲倦

○ 无缘无故会想哭

# 6

## 个人隐私被同学网暴，该怎么办？

**女孩的小心思**

好朋友一段换衣服的视频被人发到微信群，大家都在传，还在猜视频中的人是谁。虽然是背影，但熟悉的人还是可以一眼就看得出来是她。遇到这样的事该怎么办？

"网络欺凌"对被害人的伤害，更多的是体现在心理上的伤害。因为网络欺凌最大的特点是传播快，一般和暴力欺凌、言语欺凌等一种或多种欺凌结合在一起。我在《网络安全篇》中介绍过这么一个案例：

小蓝（化名，女，16岁）因为感情纠纷和自己前男友的女朋友小梅（化名，女，15岁）产生了矛盾。某日，小蓝和小梅见面，发生口角，双方互相辱骂，随后小蓝被对方多人欺负，正吵得不可开交的时候被人劝开。

事后小蓝觉得自己很吃亏，吵架时对方是三四个人欺负自己一个人，衣服也被撕破了，好在当时穿了小背心，不然衣服被撕的都露点了。小蓝越想越气，想着如何报复一下小梅，但面对面报复的话又害怕她们人多，于是她想到了上网匿名发帖辱骂搞臭对方的方法。小蓝认为上网匿名发帖，谁也不认识自己，假如小梅怀疑，自己可以打死不认，她无凭无据也没辙。

于是小蓝购买了不同的手机卡，利用新号码发，然后又去到不同网吧，找到小梅活动的一些网络圈子，编辑了一些关于小梅的侮辱性话语，并对小梅的头像修图，修成几张色情图片，匿名发到了网上。

第三章 防范校园欺凌，勇敢做自己

　　当不断有朋友来告诉小梅，或者把相关图片转给她看，问她什么情况，小梅不得不一次次地解释，但当图片越传看到的人越多的时候，她不堪其扰只好关机，心情非常低落，也不知道该如何处理。

　　直到两个星期后，小梅家有亲戚看到了图片，然后告诉了小梅父母，小梅才在父母陪同下，将有关虚假图片和虚假情况去到公安机关报案。公安机关经过网络技术侦查，查到是小蓝所为。最后，小蓝被处以行政拘留10天和罚款的处罚，小梅以及小梅父母起诉小蓝及其父母（法定代理人）赔偿损失。

　　经过此事，小梅觉得自己的假照片在学校已经传得很多人看到了，心理受到很大的伤害，不再愿意回到原来学校上学，最后选择了转学。

　　上述被害人的处理方法，有做得对的，也有做得不太合适的。那么，在面对网络欺凌时，我们如何做才能最大限度地减少负面影响和伤害呢？

当知道有人在网上用言语、图片等攻击我们时，应该第一时间向老师和家长报告，并把相关网络记录、截图等证据保存好，把相关事实真相向老师、家长讲清楚，请求他们的帮助。

成年人有更多社会经验来判断这件事是否有进一步发酵的风险，然后再根据事件的严重程度以及预计的风险做出选择。假如事情比较轻微，可以直接在网络平台上举报要求删除；假如事情比较严重，我们可以去公安机关报案，要求处理。

对于线下欺凌在网络再传播的情形，我们首先要明白，在线下欺凌发生过程中假如有人在用手机拍照或者录像，那么就可以判断大概率会发生网络传播。

欺凌照片或视频，非常容易引起"网络风暴事件"。这对于被欺凌者来说，伤害是非常大的。所以当我们知道欺凌现场有人在拍照或录视频，那么在我们的人身获得安全之后，要马上将有关事情立即报告给老师或家长，并且一定要把现场有人拍照或拍视频的情况讲出来，让老师

或家长介入处理，尽快找到拍照片或录视频的人，让对方不要扩散，并将照片和视频由自己妥善保管，作为日后事件处理的一个证据材料。只有这样，才是防止扩散最有效的方法。

假如照片或视频已经在网上流出，那我们要马上做出行动，向老师或家长报告，然后毫不迟疑地向平台举报，要求有关平台删除相关照片或视频，之后马上和家长一起去当地公安机关报案，请求司法机关采取措施保护被害方。因为这已经是严重侵犯隐私的违法行为，并且还可能涉嫌犯罪，我们要懂得寻求法律和国家司法机关的保护。

相关事情处理完之后，还需要学习处理自己的情绪。假如我们一直为这件事觉得沮丧、心情低落，不好的状态超过两个星期都无法走出来，这预示着我们可能需要专业心理咨询的帮助。千万不要小看受伤的情绪，它会严重影响到我们日后的生活，也影响到我们的学习。所以，积极求助才是我们恢复健康心态的最佳途径。

# 第四章

## 提高自我保护意识，保障在校安全

## 女生宿舍如何防范被偷窥?

**女孩的小心思**

上次听说有男生躲在女生厕所后面的窗口,偷看女生上厕所,然后被学校工作人员发现了,想想都让人觉得恶心。类似这样的偷窥该怎么防范呢?

女生被人偷窥是一件让人觉得难堪、愤怒的事情,这种隐私被侵犯的感觉让人非常不舒服,朋友小媛讲过她读书时曾经发生过的一件事情。

小媛(化名,女)读高中时16岁,虽然事情已经过去很多年了,但她还是记忆深刻。因为当时学校条件有限,部分宿舍楼还没修好,安排了一栋楼男女生同住,女生住一、二、三层,男生住四、五、六层。男生宿舍和女生宿舍在同一栋楼,但分开门出入,小媛住学生宿舍一楼。

有一次,小媛发现自己的内衣少了一件,找了老半天还是没找到,她平时收拾东西比较马大哈,常常不见一些小物件,所以当时也没在意,认为那件旧内衣反正也不值钱,而且买新内衣回来后很快就忘记了这件事。

没过不多久,听到同宿舍另外一个女生在找内衣,问其他人有没有看见,有没晒晾衣服时收错了,大家说没有。那个女生平时收拾东西井井有条,所以对自己的物品记得比较清楚。她说肯定是周末晒晾后不见了,找来找去找不到,最后认为一件用过的内衣不见了也没有什么可报案的,也只能是当一件小事。

| 第四章 | 提高自我保护意识，保障在校安全

没想到后来又接连发生女同学丢失内衣的事情，搞得住一楼的女生有点心慌，担心女生宿舍有什么不速之客，这时才报告给老师，反馈给了学校。

学校政教处安排女老师做了初步调查后，确认在最近的半年内有将近二十个女同学的内衣曾经丢失，于是学校重视起来。

学校进行了排查，最后在六楼一男生床底下的纸箱子里发现了几十件旧内衣。经过了解，原来这名男生是对女生身体发育好奇，但不知道怎么了解，逐步形成了偷女生内衣来满足好奇心的习惯。

说起来这是一件青春期男孩性教育缺失的案例，但不管什么原因，被人偷内衣或者被偷窥都是非常让人觉得不舒服或感到紧张、危险的事情。所以从女生自我保护的角度来说，日常生活中应该做好防范，那我们该注意些什么呢？

| 第四章 | 提高自我保护意识，保障在校安全

**检察官妈妈支招**

**第一，我们要提高保护个人性隐私的意识。** 尊重他人隐私本来是一个人基本的道德素养，也是我们每个人应该有的理念，但总有些人出于各种原因，或好奇或以偷窥为乐，去侵犯他人的隐

私，这种情况又以男性偷窥女性的隐私最为常见。我们在学校的日常生活中不可避免需要在私密空间暴露个人身体，所以作为女生，提高隐私安全保护意识非常重要，即使在这些私密空间范围内，也要留意空间本身的安全性。

**第二，留意重点场所内部安全私密性。** 在学校容易发生被偷窥的地方有宿舍、厕所、洗澡堂、换衣间等，这些场所是我们日常生活中公认的私密空间，无特殊理由是不可以安装监控设备的。在这些场合的一些生活行为必然

会裸露个人隐私部位，正常人一般都会很自然地进行回避。但是我们要知道，会偷窥的人偏偏是心理上有些不太正常的，反倒会特意去这些场

合附近，寻找机会和利用非法手段进行偷窥，所以我们对这些重点场合需要重点防范。假如发现有任何安全隐患，一定要及时向学校老师汇报，并马上采取相关措施补救。

**第三，要特别留意检查重点防范场所的外部周围环境情况。** 会偷窥女生隐私的人虽然心理上不太正常、不太健康，但他们的智商是正常的。在做这些不法行为之前他们也会有反侦察意识，会充分考虑如何隐蔽自己的行为，不让人发现。

偷窥者为了达到偷窥目的，会更加详细了解这些场所周边环境情况，甚至会提前踩点，查看周围是否有角度和位置可以偷窥，又不容易被人发现。所以，为了保障我们的隐私安全，除了对宿舍、厕所、洗澡堂、换衣间等这类空间的内部安全要留意之外，还要对这些空间的周边环境加以查看了解，剔除安全隐患，减少被偷窥的风险。

**第四，出现异常情况要及时采取措施。** 当女生有个人隐私物品无故不见或者无故被弄脏的异常情况出现，一定要多方检查，及时报告给学校老师，不要因为涉及

个人生理隐私的情况而羞于讲出来。因为被偷窥除了让人觉得隐私被侵犯之外，也潜在可能会发生更大的性侵犯的风险。只有及时报告才能有效防止这种更大风险的发生，更好地保护我们自己的安全。

# 一对一补课，
# 有哪些风险需要注意的？

**女孩的小心思**

我的数学成绩退步了，正在郁闷的时候，之前的地理老师说每周二、周四晚上自习他不用带班，也不用上课，让我可以去宿舍找他补数学。我将这个情况告诉父母，妈妈很开心，但爸爸说要小心。我有点疑惑了，这会有什么问题？

亲爱的女孩,想提高学习成绩,找老师补课当然是允许的,绝大多数老师教书育人,师德高尚,是值得我们信任的。不过世事无绝对,当出现某些不合常规的情形时,我们还是要加以注意,以防范更大的风险。因为关于老师侵犯学生的案件也时有发生,我曾经办理过这么一个案件。

这是一个比较恶劣的刑事案件。某学校生物老师谢某(化名,男,35岁),以帮学生讲解试卷和作业为名,在中午休息的时候,叫班上一女生晓薇(化名,女,13岁)中午吃完饭到教室等他,而学校要求学生中午吃完饭回宿舍休息,下午两点半上课,所以中午这段时间教室一般是没有人的。

谢某特意在这个时间叫女学生晓薇到教室,避开他人,然后在教室借帮助学生讲解错题为名,对晓薇进行猥亵,并对晓薇的隐私部位用手机进行了拍照。案发后,经过公安机关的侦查,查明谢某对班级其他三名女生也有过猥亵行为。

最后案件处理结果是,谢某因犯猥亵儿童罪被判处有期徒刑五年。

第四章 提高自我保护意识，保障在校安全

案件虽然按照司法程序得到公正处理,但对于女生的心理伤害却是长久的。案例中谢某假借帮助学生讲解试卷为名,寻找机会和学生单独相处进行猥亵,具有很强的欺骗性,但也并不是没有异常之处。要做到有效防范,我们需要注意哪些防范的关键点呢?

| 第四章 | 提高自我保护意识，保障在校安全

所谓"林子大了，什么鸟都有"，任何行业、任何身份都有许许多多不同的人，有善良诚实的，有刻薄狡猾的，也有德行不佳的。所以，我们在预防性侵伤害时不能把注意力放在性别、年龄、学识、职位、财富等表面能看到的情况。

作为女生，学习如何预防性侵伤害的关键点只有一个，就是要看当事人的行为！在校园里当某个老师心怀不轨的时候，他的行为肯定是反常的。我们可以从以下几个方面来判断，做到有效预防：

**第一，没有特殊原因，违反一般学校教学常规的行为，属于异常行为，需要我们警惕。** 比如案例中谢某要求学生中午不按照学校规定回宿舍休息，而是单独留在教室。又比如地理老师在没有家长特意嘱咐、要求补课的情况下，叫学生单独去宿舍补数学课。这都是违反常规教学规定的行为。

在学校，学生的学习和生活是有一定规律的，也是有学校规章制度

规范的,这些都是为了保障学校教学秩序和安全,是要求学生必须遵守的行为准则,这个规章制度也同时会规范老师的一些行为。假如有个别老师提出了违反这个规章制度的要求或动议,背后必然有一些理由,不管这个理由是什么,我们一定要告诉家长或其他信任的老师,听听他们的意见,征得同意后我们再去。

**第二,假如遇到个别老师借机做出没有必要而有意触碰到我们身体隐私部位的行为,或者触碰我们身体其他部位但让我们感觉不舒服时,需要警惕。** 不要因为对方的身份是老师,而忽略了这种身体的感觉。因为这样的行为就是具有性侵意味的行为,应该引起高度重视。我们必须要把发生的事情,包括当时的情形、自己的感受,全部告诉家长或者其他信任的老师,问问他们的看法,让他们一起来帮助我们远离危险。

**第三,假如有个别老师让我们观看一些看起来性感、暧昧、裸露身体的照片时,我们也一定要警醒。** 生理知识的学习需要认识人体,但不会使用充满诱惑的图片,学校会用正规的教学专用的人体挂图。

当某个老师有这样的行为时，我们有必要告诉其他老师，也有必要告诉家长。

老师是一个门槛相对较高的职业，绝大多数老师都是敬业的，他们辛苦教书育人，我们对老师理应尊重和信任。但是，现实中仍存在极少数品行不端的人混入老师的行列，利用老师的身份对女孩图谋不轨。所以，一个人的职业、身份并不重要，他的行为才是我们判断他是否属于应该防范的那个人！

## 宿舍防火注意事项，遵守规则有哪些？

**女孩的小心思**

宿舍有两个同学同一个月的生日，于是我们同宿舍几个同学想晚上下晚自习后，为她们一起庆祝生日。因为学校不让在宿舍点蜡烛，我们把小蜡烛偷偷藏好后将生日蛋糕拿回宿舍，打算等宿管阿姨睡了后再偷偷点蜡烛，应该不会有什么问题吧？

## 检察官妈妈讲案例

学校对住校学生都有比较严格的生活管理制度，目的是为了保障大家集体生活的安全，确保不发生重大责任事故。因为学校人员密集，一旦发生事故往往都是比较严重的。曾经听其他同人讲过一个发生在校园的重大责任事故案件，有一定警醒意义。

> 这起发生在校园的重大责任事故案件，是一起因失火导致一名学生（武某，男，16岁）吸入过量浓烟而失去生命、几名同学受伤住院、财物损失几十万元的重大案件。经过调查，查明案件起因是烟头点燃了宿舍易燃物品导致的火灾。
> 
> 原来，武某偷偷学会了吸烟，并有了一定的烟瘾，但学校不是允许吸烟的，武某偶尔会偷偷藏几根香烟在宿舍，晚上等同学和宿管老师差不多都休息后偷偷吸烟。没想到的是，这次吸完烟的烟头没有完全熄灭，点燃了宿舍的窗帘、被褥和蚊帐等物品，最后引发火灾并引起浓烟，直接导致了事故的发生。案件调查的结果出乎人们意料，武某的违规行为导致失火，最后受害最大的仍旧是其本人。

小疏忽导致大灾难，在学校这样人员众多的集体生活中，我们该如何防范意外事故呢？

| 第四章 | 提高自我保护意识，保障在校安全

我自己曾经办理过其他情形涉嫌重大责任事故罪的案件，对于办案来说，这样的案件并不难办，但这样案件的起因和结果却是值得留意和警醒的。在学校这样人员密集的场所一旦发生重大责任事故，后果往往更加严重。

这类案件的发生，都存在当事人主观状态的麻痹大意，也就是我们在法律上认定的过失犯罪。比如案例中武某吸烟导致火灾事故的主观状态就是过失，只不过武某自己已经受害身亡了，所以不用追究他的责任。

### 相关法律条文规定

★★★

《中华人民共和国刑法》第十五条之规定："应当预见自己的行为可能发生危害社会的结果，因为疏忽大意而没有预见，或者已经预见而轻信能够避免，以致发生这样的结果，是过失犯罪。过失犯罪，法律有规定的才负刑事责任。"

我们日常生活中常见的因麻痹大意过失犯罪的心理状态，有两种情况。

**第一种是疏忽大意的过失。**意思是虽然生活、工作、生产中存在一定安全隐患，但因为一些原因本该注意却疏忽了，本该按流程进行的因大意而没按流程执行，最后导致发生了严重后果。比如上化学实验课，实验室会有一些腐蚀性或易燃易爆的化学品，这些化学品的保管、使用都有一些必要的操作规程，假如我们在保管或操作中因为遗漏了某个步骤，从而导致了让自己或同学受伤的结果，这就是疏忽大意的过失。

**第二种是过于自信的过失。**意思是说我们在生活、学习、生产、工作中，对于一些情况明明知道这样做是不合适的或者是违规的，但轻信自己能够避免不良后果的发生，最后却因此导致了严重的后果。比如，案例中武某知道自己吸烟是不合适的，是违反学校宿舍管理规定的，也能够判

断出假如烟头未熄灭丢弃是可能会引燃其他物品并导致火灾的,而他并不希望火灾发生,但他轻信可以避免。又比如,女孩明知道学校宿舍不允许点蜡烛,也能预见如果蜡烛点燃宿舍其他物品很容易发生火灾事故,主观上不希望真的发生火灾事故,但轻信可以避免,依然提出偷偷藏好蜡烛在宿舍点起来庆祝生日。一旦真的发生了事故,这种情况也是过于自信的过失。

在这里之所以详细分析这两种心理状态,是想让我们知道,我们日常生活中这样的麻痹大意的想法是很常见的,而正是这样的思想才导致了一些本来不应该发生的后果发生了。而要避免发生这样的后果,其实也非常简单,就是遵守有关规章制度,严格按照规章制度办事。

学生常常觉得学校的一些规定不近人情或者多此一举,但这些都是为了保障学生的整体安全而做出的规定,并且一些看起来似乎很"麻烦"的规定,常常是根据曾经出现过的一些事故而做出的。安全事故不会经常发生,但一旦发生,后果往往很严重!我们正处在学习的大好年华,不要因为过失而犯下让自己悔恨一生的错误。

# 住校半夜身体不舒服，如何寻求帮助？

**女孩的小心思**

半夜肚子痛醒了，同学们还在睡，现在找人也找不到，度秒如年，真难受！是忍忍等天亮再打电话，还是叫醒同学呢？

第四章 | 提高自我保护意识，保障在校安全

住校生活是多方面的，我们要及时了解自己的状态，出现身体不舒服或者其他状况的时候，应该及时就医，避免因延误时间而造成严重后果。我家亲戚的孩子住校，有一次因为肚子痛忍着延误了时间，就差点发生意外。这个案例是这样的：

晓萌（化名，女，13岁）平时有痛经的现象，父母没有什么很好的方法教她，每次都是喝点热的红糖水，用热水袋来捂肚子，然后忍一两天就过去了，几乎每个月都是如此。晓萌也不知道有什么更好的方法可以缓解疼痛，有时候痛得实在太厉害了，在学校就向老师请假在宿舍休息一下，对肚子疼这个问题全靠忍。

有一天夜里凌晨一点多，熟睡中的晓萌因肚子疼痛醒了，由于当时她刚好处在经期，便以为是痛经，如往常一样用热水袋捂着，忍忍看是否能够继续睡。但是晓萌忍了一个多小时，觉得越来越痛，身上都痛出汗了。因为是半夜，没办法找校医看，她也不想把同学们都吵醒，于是自己准备悄悄起床冲杯红糖水，没想到刚起床，就摔倒了。宿舍同学被惊醒后见状都吓坏了，紧急通知宿舍老师，然后叫救护车把晓萌送到医院。经

检察官妈妈写给女孩的安全书

过医生检查才知道,原来晓萌患了阑尾炎,而且有穿孔危险,需要马上住院,做阑尾切除手术。当时医生就说,假如再延迟一点,晓萌就有生命危险了。

这件事对晓萌以及父母都是一个警醒,万幸的是最后平安无事。在学校时,假如出现身体不舒服或者其他异常状况,我们该怎么根据情况缓急来处理呢?

住校学习,衣食住行都在学校,身体不舒服或者一些意外伤痛等都可能发生,发生的时间段也不是我们能控制的。那我们该如何寻求帮助呢?

**第一种情况,如果我们感到不舒服的时候是在白天,正是学校相关教职工上班的时间,寻求帮助会相对比较容易。** 比较轻微的不舒服我们可以先行告诉老师,去学校医务室看校医,是吃药还是观察,听从校医的建议;假如不舒服或难受的感觉比较严重,吃了药也不能缓解,就要及时请假,打电话让父母接回家看医生。没有身体健康,任何学习都是空中楼阁。

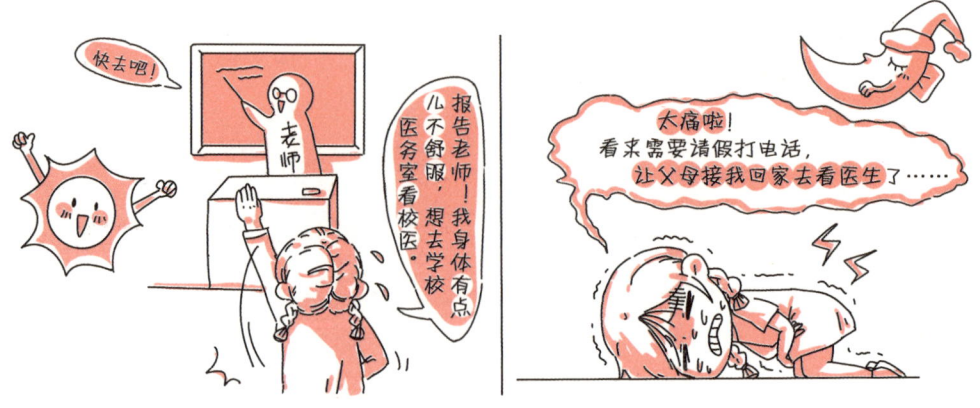

**第二种情况,如果我们感到不舒服的时候是晚上,这个时间段学校大部分教职工都下班了,一般只留下必要岗位的值班人员在学校,以应对突发情况。** 晚上觉得不舒服,是否忍到第二天白天再寻找老师帮助,

要根据我们的具体情况而定。

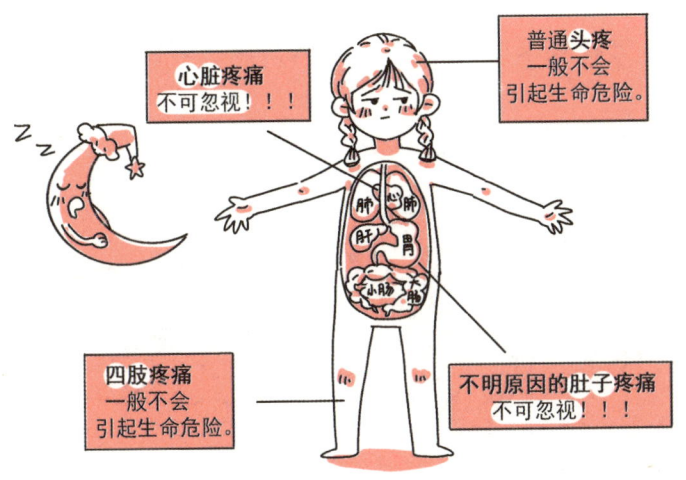

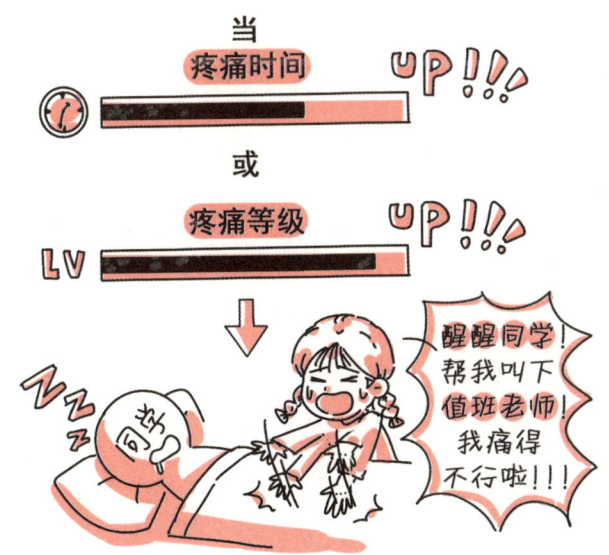

**第三种情况，假如有隐私部位不舒服的情况，我们要及时请假就医。**

对于一些隐私部位不舒服的情况，女孩常常会觉得羞耻，不好意思就医，也不轻易告诉家人或医生，有的甚至直接网络问诊，然后私自乱治疗，

常常因为拖延，将小问题拖成大问题，严重影响学习生活。我们需要主动学习一些基本的女性生殖护理知识，对女性隐私部位的卫生和病变情况有基本了解，并提高女性生殖护理意识，保护好自己。

# 5

## 校园意外受伤后，需要预防哪些重点危险事项？

### 女孩的小心思

有个同学突然晕倒送医院抢救去了，后来才听说是两天前摔到了脑袋。据说那个同学当时自己讲没什么事，外皮也没有看到伤，只是觉得有点头晕，加上第二天要考试，所以没有去看医生，准备考完试再说，没想到居然出了大事。这是怎么回事？

假如我们在学校遭受到类似的伤害,到底该怎么对待?我曾经办理过一个在校园发生的故意伤害案件。

朱某挺(化名,男,14岁)偷偷带了手机来到教室,在下课的时候拿出来玩游戏,然后有三四个同学过来围观,大家正看得津津有味,同学王某威(化名,男,14岁)也过来想看看,但朱某挺因为之前和王某威有过一次争执,所以故意不让王某威看。王某威心里不爽,就一把抢过手机,说要告诉老师,让老师没收。

朱某挺一听就急了,于是去追赶王某威,在追赶王某威时,朱某挺从后面把王某威推倒,气愤之下,趁势用脚踹了一下王某威的腹部,然后抢回了手机。随后上课铃响,王某威爬起来回到座位上。

上课时,王某威觉得肚子隐隐作痛,但不是非常厉害,当时查看自己身上的伤,除了膝盖有点红肿之外,没有其他伤痕。所以王某威没有特别在意,一直拖到下午觉得腹部疼痛难忍才告诉老师,老师通知家长过来后送王某威去医院。

经过医院检查,发现王某威的脾脏破裂出血,腹腔都是血,

第四章 | 提高自我保护意识，保障在校安全

需要马上做手术,因为出血时间较长,最后不得不做了脾脏切除手术。经法医鉴定,王某威的伤情构成重伤。

朱某挺也因为故意伤害致人重伤被追究刑事责任,其家属也需要承担王某威的人身伤害赔偿。

这个案件在办理过程中,医院医生有份证言提到一个细节,他讲到伤者(王某威)受伤后,假如不拖到下午这么长时间才送医院的话,是不用做全脾切除手术的,但因为拖延时间太长,伤情耽误了,只好做了全脾切除。这对于年纪只有14岁的王某威来说,也造成了身体终身残疾。

在这里,我想讲的重点是,假如我们在校园里因一些特殊原因造成身体受伤,应该了解意外伤害后的急救知识,提高自我保护意识。那么,我们该怎么做呢?

| 第四章 | 提高自我保护意识，保障在校安全

学校一般会制定很多校规来规范我们在学校的学习和生活，目的是保障我们的人身安全，避免受到伤害。但校园人员众多，有时候难免因为一些特殊原因发生伤害事件。万一发生这样的事情，我们也希望伤害后果不要继续恶化。所以对于一些人身伤害的基本急救常识，我们有必要学习、掌握。虽然这些知识不常用，但特殊时候可能是救命的关键。

假如是一般性皮肤受损，即使出血，只要没有伤及血管，大多数时候问题不大，不会危及生命安全，在学校由校医帮助处理伤口，防止感染即可，但假如有血管出血或者出血量比较大，这个时候要紧急处理。

假如涉及扭伤、骨折、韧带受伤等，这样的伤情会带来剧烈疼痛，我们一般都会及时告诉老师或家长，马上就医，听从医生的建议就好了。

**重点留意身体特殊部位的伤情状况**。外部力量伤害到我们身体，头部和腹腔属于要害部位，但是有时候我们在被推撞或摔倒后，这些部位的疼痛

不是特别剧烈，可能只是隐隐作痛，受伤的人往往容易忽视，而实际上这种伤情往往比皮肤、四肢受伤更加危险，甚至有危及生命的可能，我们要提高警惕，对可能存在的危险性不可大意。

● 推撞、摔倒的部位假如是头部，特别是头部里面觉得隐隐作痛，是需要引起注意和警惕的，因为有可能是头颅内出血或者造成了脑震荡，这种内伤往往疼痛感不强，但更加危险而且常常危及生命，所以千万不可忽视，需要及时告诉老师和家长送医院就医检查。

● 推撞、摔倒后假如伤及腰腹部位，也是需要我们警惕的，因为腹腔内脏受伤后，疼痛感往往也不是特别强烈。案例中伤者脾脏部位受到重力撞击后，受伤内出血，但疼痛感不强烈，只是觉得腹部隐隐作痛但没有在意，一直拖延到下午受不了才送医院，延误了治疗，不得不切除脾脏，造成终身残疾。

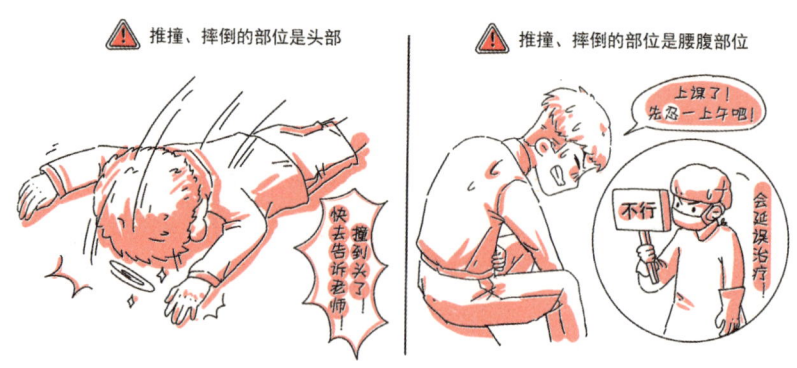

了解身体被意外伤害后可能出现状况的一些常识和急救知识，及时告诉老师和家长，寻求专业检查和帮助才能更好地保护我们自己。

## 对于住校财物安全，该注意哪些方面？

### 女孩的小心思

住校需要自己购买一些日用品以及零食等，因为不允许带手机进学校，校园里不能用微信付款，所以我想向父母多要点现金带回学校，但是哥哥告诫我要注意安全。这和我带钱去学校有什么关系呢？

亲爱的女孩，在学校集体生活中确实不适宜带过多现金，因为即使在学校这样比较单纯的环境中，也会发生盗窃或者被人强行索要钱财的事情。我曾经办理过发生在校园里的盗窃案。

李某某（化名，男，16岁）在某中学就读，结交了外面辍学的社会青年彭某某（化名，男，17岁）、叶某某（化名，男，20岁）、黄某某（化名，男，15岁）等人，常常逃课和他们一起外出打游戏或者喝奶茶等。因为李某某还是住校学生没有什么钱，所以每次外出花费都是彭某某等人买单。

过了一段时间，彭某某提出让李某某提供消息和指示路线，让他们找人一起去学校宿舍偷东西。李某某刚开始有点为难，但彭某某说这段时间大家一起在外面玩可花了不少钱，言下之意是李某某也一起花了钱，所以最后李某某碍于情面答应了彭某某的要求，并告诉彭某某等人，让他们最好是周一晚上去偷窃，因为周末大部分同学回家后会带些东西或者钱来学校，这个时候去偷收获比较大，到时候他会打开一楼的铁栅门。

第四章 提高自我保护意识，保障在校安全

案发当晚，学生们都去教室上晚自习了，宿舍没人，彭某某、叶某某、黄某某等人潜入宿舍对三楼、四楼十几间宿舍行窃，最后盗走现金3000多元，还有充电器、手机等物品。

被盗学生损失的现金，从十几元到上百元不等，其中一个学生晓乐（化名，女，15岁）损失最大，她一个人就损失了1000元。晓乐就是想着住校要买些日用品等，特意多带了一些钱，但不幸被盗了。这个案件虽然最后侦破了，但相关财物已经无法追回。

作为住校学生，对于自己的财物安全，应该注意哪些方面呢？

| 第四章 | 提高自我保护意识，保障在校安全

从以往办理的一些涉及校园学生财物安全的案件来看，绝大部分学生丢失或者被人勒索的财物基本上是随身携带的现金。所以，不论我们家庭经济情况如何，来到学校过集体生活，尽可能不要携带太多现金，现金数量能够满足自己在学校定期生活所需即可。理由有三点：

其一，住校的学生基本上都会定期按周或月回家，持续留在学校学习和生活的时间并不算太长，在学校需要购买的一些日用品、生活用品其实并不需要花太多钱。没有必要携带较多现金到学校。虽然学校一般不让学生携带手机回校，但学校一般都有计费电话，一些生活用品假如缺了，可以及时找家人补充。

**其二，在学校住校的生活是集体生活，相对属于私人密闭的空间是很少的，可以妥善保管现金的安全地方非常有限。** 宿舍是多人出入的集体环境，很难保障私人财物安全。我们日常生活用品一般不值多少钱，即使有人心存歹念想盗窃，一般也不会盗窃学生的日常生活用品，多数是盗窃现金或可以随身携带的贵重物品。

**其三，携带较多现金来到学校，除了增加财物安全风险之外，还增加了人身被伤害的风险。** 因为当我们身上有较多现金时，容易成为校园欺凌中针对的对象，也容易成为他人盗窃或抢劫的对象。

对于必要的生活学习费用，在学校又该如何注意安全呢？

第一，假如随身携带的现金可以存入限制在学校流通的卡，比如饭卡、支付卡等，应尽可能存入仅限学校流通的卡中。这是因为这部分卡一般是实名登记，一人一卡，即使不小心丢了，也可以及时挂失重新办理，不用担心里面的钱被盗。但假如是现金丢了，就很难证明是自己的，也很难找回来。另外，由于是仅限于在学校流通的卡，学校以外的人盗走也没用，减少了一部分被盗风险。

第二，少量的现金应尽可能随身携带。这里所说的随身携带就是指放在自己身上衣服的口袋。没有必要放在宿舍，也不要放在书包，现金不多放在口袋里就好。在学校我们的生活是有时间规律的，有心盗窃的人一般都会提前踩点，弄清楚哪些地方、什么时间段没有人，才会作案。

第三，假如发生了自己钱财被盗的情况，一定要告诉老师，要求追查或者报警。有的同学可能以为钱财数量不多，觉得报警麻烦，或者认为反正钱财也很难找回来，自认倒霉算了。我的建议是，报警或者告诉老师要求追查。在这个过程中会需要我们配合履行一些手续，需要耽误一点时间配合调查，比如可能需要问话或解释清楚等，而且钱财也确实有可能找不回来，因为不是所有盗窃案都能破案。即便这样，我们报警和要求老师追查也是有作用的。这么做是为了净化我们学习生活的环境，是为了给不法分子一个警醒，让其收敛自己的违法犯罪行为。

假如我们的合法权益遭到了侵害还忍气吞声或者觉得无所谓，只会让不法分子更加猖獗。报警虽然不一定有我们期待的结果，但积极采取措施维护自己的合法权益是在表明我们对违法犯罪行为的态度：我们不允许被这样对待！维护良好的校园环境人人有责，只要我们每个学生都有这样的积极态度，我们的生活和学习环境就一定会更加和谐、安定。

第五章

如何正确处理校园情感纠纷

# 1

## 收到喜欢的男同学的表白，该怎么处理？

### 女孩的小心思

升入重点初中后，学习很紧张，大家都在默默努力，不过班上有个男生兴趣爱好广泛还学习好，简直让人羡慕至极。

一对比，发现自己的勤奋在人家的天分面前不值一提。有一次小组活动，他对我讲学习是要讲究方法的，还无私地给我分享他的一些心得，让我对他倍增好感。

过了一段时间，我感觉自己喜欢上他了，会留意他参加的运动，但我知道很多女生对他都挺有好感的，所以只是默默关注他。

有一天下自习后，他让我去操场等他。在操场散步的时候，他突然拉着我的手向我表白，让我做他的女朋友。

我一下子有点愣住了，不知道该怎么回应，于是抽出我的手，急匆匆先离开了。这两天我内心都有点慌，但他看起来好像没什么异常。我该怎么办呢？

在我们成长过程中，因为一些偶然因素对异性产生了爱恋也是成长中的一种经历。该怎么做是个人选择，但不能怎么做却是我们都应该遵循的青春期恋爱底线。我曾经办理过一个案件，就是因为谈恋爱而引起的。

晓光（化名，女，13岁）就读某中学初一，在学校的一次活动中认识了同校初三学生吴某某（化名，男，15岁），之后两个人互生好感，开始偷偷在学校谈恋爱。

放暑假后，晓光在家里因为玩手机和父母发生了争吵，一气之下留了张字条就离家出走了。晓光父母发现女儿离家出走之后非常着急，四处寻找晓光，但晓光因为生气完全不接父母电话。过了两三天，晓光父亲才间接通过晓光的一个好朋友了解到晓光在学校谈恋爱的事情，猜测晓光可能是去男朋友家了。

于是晓光父母通过老师查找到了吴某某的家庭地址，然后找到了女儿晓光，得知晓光这几天都住在吴某某家，并和吴某某发生了性关系。

于是晓光父亲带着晓光到当地派出所报案，称自己的女儿晓光未满14周岁，吴某某侵犯了自己的女儿，要求公安机关

| 第五章 | 如何正确处理校园情感纠纷

以强奸罪追究吴某某的刑事责任。

后来，公安机关经过初步调查，查明吴某某还未年满16周岁，且晓光是自愿和其发生性关系，没有造成严重后果，告知晓光父亲不予立案。

晓光父亲只好领着女儿回家，回到家约两个星期，晓光父母发现晓光意外怀孕了，于是再次带着晓光到当地派出所报案，要求对吴某某以涉嫌强奸罪追究刑事责任。

公安机关根据有关司法解释的规定，对吴某某以涉嫌强奸罪立案并刑事拘留。

在这个案件中，年仅13岁的晓光没有意识到怀孕对自己身体的伤害有多大。虽然晓光不想追究吴某某的责任，但晓光父母作为成年人非常清楚13岁少女怀孕的危害程度，所以做出了报案的决定。

这个案件在办理过程中，吴某某家属对被害人晓光做出了赔偿，取得了晓光以及家属的谅解，然后依法从轻做出了处理。案件虽然结了，但对于青春期在校学生的恋爱却有一定的警示作用。女孩假如恋爱了，应该把握一个什么样的底线呢？

| 第五章 | 如何正确处理校园情感纠纷

当我们来到青春期，身体发育和情感发育也逐步走向成熟。身体发育成熟和情感发育成熟之间最大的不同就是，身体发育成熟是人生物性的一部分，无论是否经过学习，身体都会逐步成熟，但情感发育成熟却是需要我们主动学习才会逐步成熟的，因为情感发育成熟是一项能力。

当青春期的缘分来敲门，遇到喜欢的人恰好喜欢自己，相信每个女孩都会满心欢喜。我们情感上会有许多异动，当然身体上也会有一些感受，相信这些美好的感受会促进我们情感发育的成熟。

但青春期毕竟又是如此特殊的时期，我们的身体还在持续发育之中，我们的学习生活基本上还在校园，在法律上我们还是未成年人，这些客观事实情况摆在面前，亲密关系的尺度如何把握对每个女孩来说都是难题。但不管多难，亲爱的女孩，以下几个关于青春期爱恋的建议请务必认真看一看。

**第一，当我们喜欢一个人时，需要问问自己：是男女青春期荷尔蒙发育的冲动**，还是对彼此性格、品质、学习、能力等优点的欣赏，抑或是自己对对方给予的安全感的依恋？

面对一份主动表白的情感，慢下来处理，我们才会有理智全面考虑，把情感占据的大脑慢慢留出一部分空间给理智，思考一下生活的其他方面，比如友谊、同学、学习、运动、爱好等，即使在校园这么一个小环境中，除了恋爱，也还有其他许多重要的事情。学会对情感的慢处理，是我们在情感问题上进一步学习如何保护自己的起点。

**第二，假如处在恋爱中，保持男女亲密关系的身体边界仍旧是非常有必要的**。我不建议未成年人过早发生性关系，相信绝大多数青春期女孩自己也不想过早发生性关系。当青春期恋爱来到我们身边，男女  之间彼此感情升温，身体亲密接触必不可少，坚守亲密关系中的底线，这又是一个难题。

从过往办理的案件以及社会上实际发生的一些事件来看，绝大多数未成年人发生性关系时均没有采取任何保护措施，常发生意外怀孕的后果，甚至有个别未成年人染上性病。

处在恋爱中的青春期男孩和女孩都不希望导致怀孕的后果，建议女孩不要和男孩在单独的封闭空间相处，想单独待在一起尽可能选择电影院、书店、商场等场所，避免和减少这样的风险发生。

**第三，坚守性的法律底线**。性是有法律底线要求的，比如我国《刑法》对涉嫌强奸罪、猥亵儿童罪等都有规定，而且法律明确对未满十四周岁的幼女做了特殊保护。案例中晓光父母要控告对方是有法律依据的。对于晓光来说，情感上不愿意男友坐牢，但事实上是害得男友坐牢了。

性的法律底线是我们必须要坚守的,这是我们在成长中的底线屏障。

## 附 相关法律条文规定
★★★

《中华人民共和国刑法》第十七条第二款:"已满十四周岁不满十六周岁的人,犯故意杀人、故意伤害致人重伤或者死亡、强奸、抢劫、贩卖毒品、放火、爆炸、投放危险物质罪的,应当负刑事责任。"

《中华人民共和国刑法》第二百三十六条第二款:"奸淫不满十四周岁的幼女的,以强奸论,从重处罚。"

根据最高法、最高检、公安部、司法部司法解释《关于依法惩治性侵害未成年人犯罪的意见》之第二十七条:"已满十四周岁不满十六周岁的人偶尔与幼女发生性关系。情节轻微、未造成严重后果的,不认为是犯罪。"

根据最高法、最高检、公安部、司法部司法解释《关于依法惩治性侵害未成年人犯罪的意见》之第二十六条第六项的规定,属于造成严重后果情形之一的有,"造成未成年被害人轻伤、怀孕、感染性病等后果"。

## 2

## 不想接受同学的表白，该怎么处理？

**女孩的小心思**

有一次，班里的女学习委员把一封情书字条直接贴到了黑板上，引来大家的围观，其中一个男生还读了出来，念到最后"爱你的明"时，大家哄堂大笑。虽然没有写全名，但大家都知道是谁写的。后来更惨，这封情书字条还被人拍照传到QQ班群，大家都在围观取乐。

那个学期过完后，明同学就转学了，我觉得明同学挺可怜的，学习委员即使不喜欢给自己写情书的人，似乎也不应该这么样啊。可是，这种情况该怎么处理才合适呢？

| 第五章 | 如何正确处理校园情感纠纷

当一个成年人在某个时刻回忆起自己青春期的情感萌动时，绝大部分的人都会感觉美好又甜蜜。但我有个朋友在说起青春期做的傻事时，觉得不堪回首，因为这件事导致他成年后很长时间遇到自己喜欢的女孩也不敢追求。

朋友谭某文（化名，男）年纪三十好几了，一直没有谈恋爱结婚，有次被父母催婚心烦意乱后和我们几个朋友聊天，他自述是因为青春期一件傻事被女生取笑，有了心理阴影，搞得自己一直不敢主动追求喜欢的女孩，错过了姻缘。

原来谭某文读初中时（当时14岁）性格比较内向，爱读书爱写文章，文笔也不错，就是不爱运动，学校体育课和劳动课基本上就是他的噩梦。后来班里有个爱打篮球的男生找他帮忙代写情书追女孩子，于是谭某文帮忙写了情书，还改写了一首经典爱情诗，让那个男生获得芳心，之后谭某文还继续帮那个男生写了好几封回信。

这件事之后，班里又有男生偷偷找谭某文帮忙写情书，就这样谭某文几乎快成年级男生的"情书枪手"了。投桃报李，男生们在上体育课和劳动课时也特别照顾谭某文。

检察官妈妈写给女孩的安全书

谭某文后来也喜欢上了一个女孩小岚（化名，女，14岁），这个女孩漂亮大方，各方面都很优秀，参加学校各种活动一般都会获奖，很多男孩子追。

谭某文这次为自己认真写了一封情书，然后通过另外一个女生送给了小岚。

没想到的是小岚收到过不少情书，发现彼此间不少雷同内容，后来打听到是男生找谭某文代写情书。小岚认为谭某文是滥情烂好人，是弄感情的人，觉得非常气愤，这次刚好收到谭某文的情书，决定好好教训一下他。

之后的事情就是，小岚把谭某文的情书在自习课时向全班公开，还直接嘲笑谭某文"癞蛤蟆想吃天鹅肉"，并对谭某文代写情书的事情进行了抨击，谭某文羞愧到无地自容。

谭某文事后感叹，庆幸当时很快就初中毕业了，大家上了不同的高中，不然他可能都要辍学了。经过此事之后，谭某文一直对追求女孩有心理障碍，并影响到他成年后的婚恋观。

在这件事中，小岚当时出于气愤，对谭某文的表白采取了嘲笑、奚落的处理方式。可能小岚也不会想到，这样做会对一个人造成这么大的心理伤害，而且还影响那么深远。

假如我们收到自己并不喜欢的人的表白，如何处理才是比较妥当的呢？

青春期最初美好的情感萌动和发育，是我们成长的一部分，这份情感体验是属于自己的，它一般不会构成对人真正的伤害，当然也不应该被伤害。

只要这份感情是真挚的，即使收到的是自己并不喜欢的人的表白，都值得尊重和被尊重。也就是说我们在处理这样的事情时，需要尊重自己也需要尊重对方。

**尊重自己。做到尊重自己首先需要觉察自己内心的情愫是什么。**我相信每一位青春期女孩在收到他人的第一次表白时，不论对方是否是自己心仪的对象，内心都会暗暗有一丝欢喜。这份欢喜是人之常情，因为这表示我们自己得到了他人的赞赏和肯定，具有能够吸引别人的一些品质。

青春期情感心理发育还有一个重要任务就是我们内在自我信心的建设需要得到外界的肯定，所以收到这样一份表白也可以满足个人成长的一种心理需求。

理性思考一下自己对这份情感的看法和观点，之前和对方是什么关系？是一般同学关系，还是朋友关系？这些都可能会影响到我们想要做的决定。

假如之前是朋友关系，留点时间让自己理性思考是有必要的，但需要明确的是，不适合故意拖延。觉得拒绝对方可能会伤害对方，但拖延不决只会让伤害程度增大，于事无补。

所以，面对一份自己不想接受的表白，我们需要考虑的是如何以尊重

第五章 | 如何正确处理校园情感纠纷

的方式拒绝对方，而不是拖延。

假如碍于之前的关系勉强自己接受一份内心并不想接受的感情，更是对自己的不尊重和不负责，这个我们必须避免。

**尊重对方。并不是说不拒绝对方的表白就是尊重，真诚感谢对方的喜欢和欣赏，然后告诉对方自己内心真实的想法和观点。** 感谢对方的真挚，但拒绝的观点和态度需要明确和肯定，不要做模棱两可的回应。假如我们可以做到在拒绝的同时给予对方正向的目标追求，比如提议考上好的大学再考虑情感问题，这样做虽然仍是拒绝，但会给对方向上进步的鼓励，而不是打击。

— 165 —

一个人被拒绝肯定会有受伤的感觉，其中会伴随失望和气愤。因此，在拒绝对方的时候，需要讲究方式方法，避免给对方增加被拒绝的伤害，也让对方不会因为误解而持续投入情感，减少最终受到的伤害。

我相信，青春期的爱恋是每个人内心的小秘密，是天然带有私密性的情感，所以我们要做到保全对方的私密。保全私密具体的方式方法很多，比如回一封信、单独面谈或者邮件告知等，这么做既是保护对方也是保护自己。

## 该如何处理自己的暗恋？

### 女孩的小心思

上次在运动会上不小心扭伤脚，隔壁班男生阿杨毫不犹豫就把我背到医务室，之后还帮我拿药，并对我科普了一些意外伤害的注意事项。阿杨是学校篮球队长、运动健将，平时看着大大咧咧，没想到还这么细心，我心底对他生出许多好感来。

后来我也会不由自主地关注他的一些活动，有事没事会想他，难道我是喜欢上他了吗？不过我也不敢表白，因为每次打篮球就有许多女生在他周围为他加油。这段时间我总会胡思乱想，神情恍惚，上课也会走神，该怎么办啊？

暗恋中女孩常常纠结在一种情绪中,假如纠结时间太长往往会影响到正常的学习和生活,对这样的情绪该如何处理呢?这里和亲爱的女孩分享一位事业上很有成就的朋友小丹(化名,女)的故事,当时我和小丹参加同学聚会,聊着聊着问起她当初是怎么逆袭从学渣变成学霸的,她笑着和我讲了一个学生时代因为暗恋而逆袭变成学霸的故事。

读初中时,小丹偏科很严重,语文成绩一般排在全年级前十名,而且作文特别厉害,经常被老师当范文领读,但她是一个数学渣渣,考试从来就没有及格过,其他理科也基本差不多。

因为偏科导致总分不理想,上高中后,小丹都在愁能否考上大学。但从高二下学期开始,小丹不知道怎么搞的,学习有如神助,包括数学在内的各科成绩开始飞跃式提升,大家都觉得好奇,她哪里来的动力?

小丹后来解密,原来她高二时候暗恋高她一年级学霸余某某。余某某是全面发展,理科成绩尤其突出。小丹后来讲,当时余某某或许也应该有点暗恋她吧,或者余某某根本不知道有人暗恋他,反正当时小丹没有表白过。

余某某在学习数学方面和小丹分享过不少经验,而且笑着

| 第五章 | 如何正确处理校园情感纠纷

— 169 —

  调侃和小丹清华、北大见。小丹也就为了这句话,默默下了决心开始突击数学。一段时间后,小丹的数学学通了,一通百通,小丹的理科成绩开始大幅提升,总分直接提升到全年级前 50 名,当时还真成了清华、北大的苗子,只不过最后小丹没有报考清华、北大而是报考了其他重点大学。高中毕业之后,小丹和余某某去了不同的大城市读书,她说二人居然没有再见过面。

  小丹在同学聚会时,讲了这一段心路历程,她说其实挺感谢当时那段暗恋的情感的。刚开始暗恋余某某的时候,小丹心底还挺自卑的,并且内心情绪波动很大,后来就是单纯地希望自己可以变得更好更优秀,然后就可以和他匹配了,所以就有了学习的动力。再后来,人长大了,看到了更广阔的世界,对情感有了更深刻的理解,原来的青春期暗恋对象已经不重要了,剩下的只是美好的回忆。

  这是我朋友的青春期暗恋故事,对于为暗恋情绪所困的女孩,有怎样的启发呢?

来到青春期,我们可能会喜欢某个异性,这是非常正常的事情。所谓"暗恋",就是偷偷喜欢一个人,暗恋是青春期很常见的一种情感,这是属于自己的情感成长,也是我们情感发育逐步成熟的一种方式。

暗恋对个人而言,肯定会有情绪困扰,而且常常只是困扰自己一个人,这是为什么呢?

原因一:当我们喜欢一个人时,困扰我们的情绪波动其实主要是在"偷偷"二字,因为我们需要压抑住喜欢他人的这份情感流露,担心有其他人看出来或者发现。从心理学来讲,当我们处于压抑状态时,其实我们内心是充满矛盾与冲突的,而这矛盾与冲突会干扰我们的身心状态。

假如不能好好处理我们内心的矛盾与冲突,也必然会影响到我们的生活和学习状态。比如,本应该正常认真上课听讲,可能因为暗恋对象的一个眼神,就让自己心猿意马、心神不宁、上课走神了,一旦上课走神,学习效果就可想而知。所以,我们要先了解自己,然后再寻找合适的方法来解决内心的冲突。

原因二:偷偷喜欢他人的时候,是特别容易去猜测的,在猜测的时候又特别容易为自己"加戏",会想对方是否也喜欢自己,对方和其他女孩在一起跟和自己在一起有什么不同,对自己笑一下会是什么意思,等等。各种自己加戏的猜测,会让自己的情绪和精力都围绕着不可控的因素波动,最后影响的仍旧是自己的情绪和精力。

认识上述原因后,我们该怎么做呢?

**首先,我们可以先想一想,自己喜欢对方什么?** 把对方身上的优点罗列一下,把吸引自己的优点依次排列,能想到的尽量都写上。在写的过程中,再思考一下自己身边哪个男同学或者哪个异性亲人身上也有这样类似的品质。这样的过程会逐步让我们把关注焦点从对人的关注转移到对某种优秀品质的关注。

**其次,在每一个优秀品质后面写下自己为什么会喜欢这样的品质,把原因罗列出来。** 这样是让我们更加理性地认识自己,认识自己所期待和追求的是什么,然后再回过头来看,就会更加全面,也能更加理性地来看待自己喜欢他人的情感。

**再次,尝试换位思考,假如我拥有这样优秀的品质,可能会喜欢一个什么样的人,然后再把这些"闪光点"写下来。** 写下来之后再对照自己:已经拥有的闪光点有哪些?需要提升的方面有哪些?然后再写出向哪些方面努力可以让自己更加优秀。提升自己才是我们能把控的。

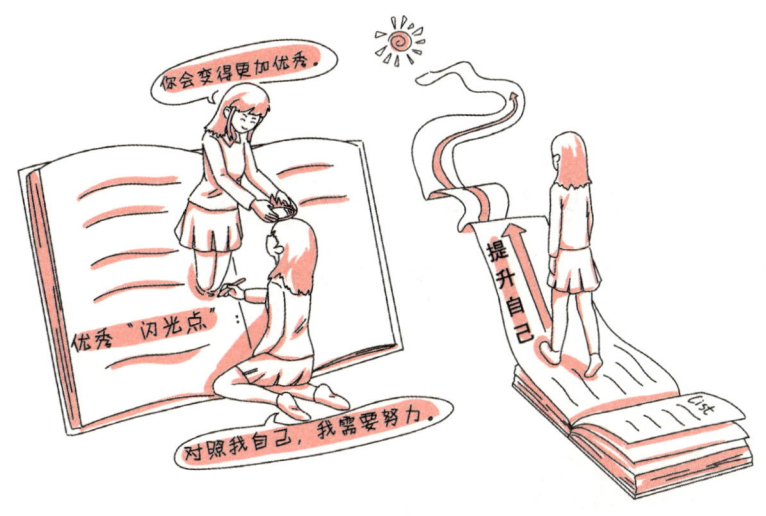

最后，参照自己列出来的清单，筛选出自己能做到的，通过转移注意力和行动，切实提高自己的认知和能力，就可以走出暗恋的困扰了。

## 表白被拒绝后很伤心，该怎么恢复？

**女孩的小心思**

在学校我和几个男生玩得很好，大家像"哥们儿"一样，其中一个男孩阿军平时都很照顾我，对我挺好的。

有一天晚上，大家一起去吃烧烤，阿军带来一个漂亮女孩，整个晚上他只照顾那个女孩。我当时很生气，就故意过去捣乱，然后阿军说我那天怎么这么不懂事。其实我心底喜欢阿军很久了，一直不敢表白，这次见到这样的情形，我决定鼓起勇气向阿军表白。

于是，第二天我约阿军出来向他表白我的心意，但他很吃惊，说一直把我当兄弟，不能接受我当女朋友，而且他正在追求上次带去吃烧烤的那个女孩。

这是我第一次喜欢一个人，也是第一次表白，就这样被拒绝了，真的很伤心，该怎么办呢？

亲爱的女孩，我和朋友之间偶尔聊起青春期的黑历史，其中就有一个朋友讲述了当年自己向男神表白后被拒绝的尴尬，和你现在的困惑有点类似。

　　朋友晓瑜（化名，女）唱歌很好听，当年读高一时参加了学校的一个音乐社团。音乐社团每周会排练一次，学校有活动需要表演时，他们的音乐社团肯定有节目出，所以社团办得很热闹。

　　晓瑜在音乐社团中遇到了一个说起音乐就特别合拍的朋友阿纲（化名，男）。阿纲比晓瑜高一个年级，让晓瑜特别佩服的是阿纲还会自己谱曲、写词，有时候会原创一些歌曲给大家唱，晓瑜暗恋了阿纲差不多一年。

　　音乐社团成员在升入高三后就会退出社团，然后再补充新的社团成员。当阿纲升入高三，准备退出音乐社团时，晓瑜鼓起勇气向阿纲表白。本来晓瑜预计阿纲应该是喜欢自己的，没想到出了洋相。

　　当时阿纲手上拿着可乐，一边喝可乐，一边在和晓瑜聊天，阿纲不知道是故意还是真的受到惊吓，听到晓瑜的表白，居然

当场把可乐给喷了出来,还洒了晓瑜一脸,活生生把晓瑜的表白现场变成了"车祸"现场。阿纲当时都笑得岔气了,笑完之后阿纲说了句"好好唱歌,好好学习"就走了。

晓瑜觉得又尴尬又羞愧,就退出了音乐社团,专心学习。

我问晓瑜什么感受,晓瑜说当时觉得有点伤心、失望,还有点无语,不过也还好,过了几天后,反倒觉得自己心里比之前暗恋别人的时候安定了一些,因为知道结果了。晓瑜原来会反复猜测阿纲是否喜欢自己,情绪波动比较大。表白被拒绝后,虽然刚开始有点伤心、难过,但从此不纠结了,所以情绪恢复反倒比较快。

晓瑜参加工作后,回想起当年的事除了觉得搞笑、幼稚之外,也还蛮庆幸自己当时能够鼓起勇气表白的,因为知道对方不喜欢自己,反倒没有其他念头,更加专心学习了。

上述就是晓瑜真实的感受。亲爱的女孩,当你的表白被拒绝时,可以从晓瑜的经历中获得什么样的启发呢?

喜欢一个人当然都期待对方也喜欢自己，但世界上人和人之间的情感是非常复杂的，有喜欢就有不喜欢。当表白遭受拒绝，失望和伤心是人之常情，有时候还会有生气、愤怒等情绪。我们需要学习的是如何来处理因表白被拒绝而带来的负面情绪。

**第一，做好自我预期的心理建设。** 如果我们按照人和人之间产生"喜欢"这种情感的概率来算，有三种可能性，一种是彼此喜欢，一种是我喜欢你但你不喜欢我，一种是我不喜欢你但你喜欢我。

三种情况发生的概率是平均的，也就是说人和人之间发生彼此喜欢的情况只占三分之一的可能性，剩下三分之二的可能性都是不尽如人意的。也就是说，我们对一个人表白喜欢之情，只有三分之一的概率可以得到我们心目中期待的情况。因此，当我们准备表白时，做好预期的心理建设，相对来说感到失望和受伤的强度会弱一些。

**第二，学会承担行为的结果。**
主动表白情感是我们的一个行为选择，但情感互动和交流遵循的是尊重和自愿的原则，我们有表白的自由，但没有强迫他人接受的自由。情感的自由意识是互相吸引，而不是强迫，因为强迫本身就压制了情感的发展，也无法得到我们所预期的结果——"对方也喜欢我"。

**第三，回归本心，学会消化被拒绝之后的负面情绪。** 没有人喜欢被拒绝的感受，但我们必须学会和接纳被拒绝的感受。因为情感是每一个人自由意识的呈现，情感会被吸引、会被影响，就是无法被强迫。当我们失望和伤心的时候，想想我们内心有多少成分是因为感受到自己没有被肯定和欣赏而产生的？我们的失望和伤心又有多少成分是因为我们感受到了内心的自卑而产生的？消化自己的负面情绪需要我们回归到自己的内心，从内心寻找力量才能真正走出被拒绝而感受到的伤害。

**第四，不做伤害自己和对方的事情**。当我们希望得到他人的喜欢和爱时，我们必须先爱自己。网络上有句听着很鸡汤其实很有道理的话："一个连自己都不爱的人，怎么可能得到他人的爱？即使侥幸得到了，也终将失去。"我们要先学会爱自己，然后才有能力去爱他人。所以当我们遭受到被拒绝的伤害之后，最重要的一点就是要做到不伤害自己和对方。

青春期有了萌动的爱恋，不论是选择保持暗恋，还是勇敢表白，都不存在对和错，这只是我们所选择的一种情感态度，属于青春期情感发育中走向成熟的一部分，是一种人生经历。

学会更加理性和成熟地处理情感，我们以后才会拥有幸福的能力。

## ⑤ 女孩在情感中该怎么认识PUA？

### 女孩的小心思

高一放暑假，男朋友邀请我一起搭车去外地参加一个聚会活动，聚会活动结束后，已经是晚上了，男朋友提出在外地住一晚，明天再回。

晚上订酒店时，男友提出和我同住一个房间的要求，我心里也明白他的意思，想了想还是坚决拒绝了，看得出他有点失望和不开心，但最后还是订了两间。

回到家后第二天我去找他，他突然对我说："既然不爱就分手吧。"我很疑惑。后来他才说既然我拒绝和他住在一起，就是不爱他；既然不爱他，那就分手吧。我当时解释说不是这样的，但他说不是这样那就证明给他看（指和他去开房）。

男朋友一直对我挺好的，但我不想这么早发生进一步的关系，而拒绝他就意味着分手，我该怎么办呢？

亲爱的女孩，恭喜你在恋爱中还保留了一些理性，遇到这种情形，我们应该思考的问题是你男朋友是真的爱你还是只想控制你。曾经听一位老师讲过这么一个案例。

晓铭（化名，女，16岁）和男朋友谭某星（化名，男，19岁）谈恋爱后，会经常单独待在一起，放暑假时男朋友说他父母外出不在家，让晓铭去他家玩。

晓铭去谭某星家后，当时并不想和他发生进一步关系，但谭某星当场就说她走了就意味着分手。谭某星一方面强势要求，另一方面又对晓铭信誓旦旦，只要晓铭成了他的人，以后会更爱晓铭。晓铭只好同意了。

过了没多久，晓铭发现自己意外怀孕了，家里人对她一通责骂，让她和谭某星分手，晓铭表面答应家里人，但仍旧和他在一起。

接着又有了第二次意外怀孕。晓铭再次去做人流手术的时候，医生警告她有可能终生不孕。偏偏刚做完手术没多久，谭某星就向晓铭提出了分手。晓铭一时想不开走上楼顶想自杀，当时吓坏了班主任王老师。后来班主任和学校心理老师做了很久的思想工作，才把晓铭从楼顶劝回到老师办公室。

| 第五章 | 如何正确处理校园情感纠纷

其实，班主任王老师知道晓铭第一次做流产手术后就对她讲过，那个谭某星一看就是渣男，并帮她分析了渣男的各种行为，可惜晓铭还执迷不悟。直到这次谭某星对晓铭提出分手，晓铭才醒悟。

亲爱的女孩，假如你答应男朋友的要求，晓铭的处境有可能就是你未来将要面对的情形。因为你男朋友为了达到他的目的以分手来威胁，这不是爱，而是控制。

在恋爱中，什么是爱的表现？什么是控制的表现？作为青春期的女孩，不论是否谈恋爱都应该对 PUA 行为有所了解。

## 检察官妈妈支招

在恋爱中,什么是爱很难说得清,但什么不是爱我们必须要认清。只有清醒地了解什么不是爱而是控制手段,当男朋友提出了一些有违我们内心意愿的要求时,我们才有底气拒绝和离开。

**第一,当对方以侮辱的方式形容你,这不是爱。** 比如对方说"你长成这样(或者你这么邋遢、你这么差劲、你这么懒惰等),没人会喜欢你,除了我"等类似这样负面的评价,而且后面还加上一句"只有我会要你,只有我才喜欢你"等,那么对方就是在试图控制你,想让你什么都听从他的。

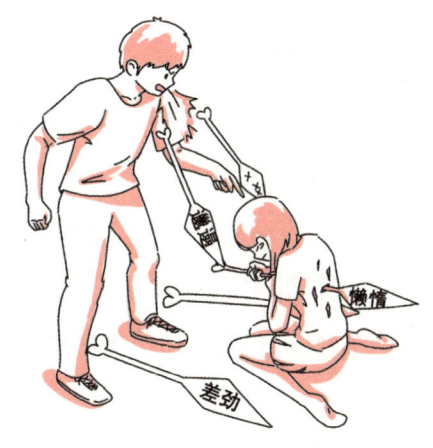

因为即使我们意识层面知道对方前半句不一定就是真的,但不断重复的负面标签实际上是会影响我们的自尊和自信的,当出现某个契合的事情印证对方说的这句话时,更是会让我们在不知不觉中产生自我怀疑的态度。

假如我们听到对方后半句话"只有我才会喜欢你""只有我才会爱你",内心暗自开心时,我们就需要警醒了。因为在语言逻辑后面,我们大脑已经认同了对方所说的前半句"你那么差劲"等语言的影响,内心有了一个认知是"我虽然很差,但幸运的是有人爱我,那我要更听他的话",

这才是最后让我们丧失自尊和自信的关键。

所以，亲爱的女孩，请记住，当对方不断用类似的话来沟通时，请提醒自己：这不是爱！不是喜欢！是精神控制的方法之一。

**第二，对方限制你的人际交往**。比如，对你之前的正常人际交往有诸多意见，挑拨你和朋友、亲人的关系，不论是男性还是女性，时间久了之后，你会发现自己的好友越来越少，与亲人也有了芥蒂，而且对方还不断强调他是爱你才吃醋，他是在乎你才不愿看到你和其他人亲密交流等，然后逐渐让你除了他

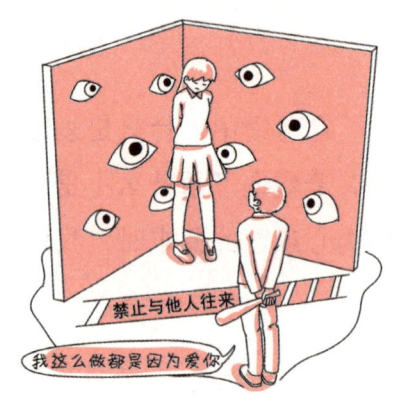

之外没有了自己的人际交往圈子，导致对方成为你的生活重心或者唯一。

另外一种情况是查看你的手机，监视你的行踪和社交情况，而且借口是"我之所以这么做，这一切都是因为爱你"。

亲爱的女孩，爱的前提是尊重，并且是相互的尊重！请谨记，这样单方的要求不是爱，是精神控制的方法之一。

**第三，对方在朋友或其他人面前公开羞辱你**。事后，对方可能会道歉但是会说"假如你当时不……，我就不会……"，把他羞辱你的过错推到你的身上，让你觉得他之所以当时控制不了自己是因为你没有做好，进一步让你产生贬低自己的认知。

同时对方在下一次羞辱你的时候，还会继续强调"你怎么不长记性""让你不要那么做了还是那么做"……不断让你认同他所说的贬低你的话，最后还会强调只有他才会爱你。

亲爱的女孩，请记住，只要对方有羞辱你的行为，不论事后是否道歉，

也不论是否有解释，羞辱性的行为都和爱不沾边，这也是精神控制的方法之一。

**第四，对方以威胁的方式来和你交流、相处。**比如说"你不听我的话就是不爱我""你不答应我……就是不爱我"。或者当对方提出一个要求，你不答应他，他就会制造自己因为你的原因而受到了伤害的情形，然后让你觉得内疚。当你内疚感进一步加重时，你就会答应对方的要求或者按对方的意志去做，来避免对方进一步伤害他自己。

威胁的目的就是为了控制，没有其他。不论对方说多少甜言蜜语，也不论对方做出什么行为，带有威胁性质的表白最后指向的都只可能是控制。亲爱的女孩，记住，这不是爱，是精神控制的方法之一。

# 祝女孩们都安全快乐成长

当"检察官"和"妈妈"这个两个词连起来后,作为女儿,你们可以想象我的成长经历该多么"刺激"。

记得上小学时,同学们的读物大多是完美的童话故事,女孩们都沉浸在如童话般美好的世界里,并对这个真实世界充满美好的想象和无限的期待。而我的检察官妈妈,却会同我绘声绘色地讲述她办理过的刑事案件——女孩被强暴,小朋友被拐卖等,而且都还很"真实、刺激"。对于当时的我来说,并没有能力捕捉到所有信息并判断它们是否正确。

我记得妈妈在她的第一本新书《因为女孩,更要补上这一课》的序言有句话:"作为一名检察官和一位妈妈,育儿过程中有关性教育的话题肯定少不了,我自己也踩过不少坑,同时,也吸取了不少经验教训。"

妈妈没有说假话,因为我就是那个掉在"坑"里的女儿,妈妈也是在"可怜的我"身上汲取的经验教训。小学三年级暑假,我写了下面这样一篇日记,也算是检察官妈妈教育的"成果"之一吧。

妈妈让我去扔垃圾,我想:"万一下面有一个卖小孩的怎么办?或者更 cǎn,被 wā 掉眼睛,被放进一个麻袋里丢进河里 yān 死。那些小孩都是因为自己出门而 yù 难的,我可不要像他们一样。"我看到 lóu 梯旁有好多垃圾,suí 手一扔就走了。虽然很不好,但是我活着回来就很好了。

那时的我认为,身为女孩子就是不安全的,小孩子一个人出门是会被拐卖的。从那时起,我对这个现实世界的防备心便会比同龄人多出一分。或许就是因为多出的这一分防备,而避免了伤害,但也因为对外部世界保持着高度的警惕,某种意义上来说也缺失了一些对这个世界美好的向往。

不过好在我妈妈也是一位很会补坑的检察官，她曾自嘲是"补坑专家"，也幸亏妈妈后来成为"专家"，把我从"坑"里捞出来了。

在后来青春期的成长过程中，不同于平常家长日益增长的焦虑，妈妈更多的是跟我讲述这个世界所存在的美好，不断告诉我这世界并没有我想象的那么危险，试图唤起我对这个世界的憧憬。

她跟我说，这世界上不是每个人都是坏人，也是有很多好人存在的。在女孩十几岁的年龄，妈妈不可能永远在身边，假如遇到一些危险，女孩更应该学习如何辨别和做出正确判断，也就是要培养自己的自我保护能力。

随着我所经历和所知的事情越来越多，开始重新思考妈妈的教育，我也开始张开双臂，主动拥抱世界的美好。

如今我已经成长为一名大学生，在离家一千多公里的地方上学，妈妈也很放心。我可以自信地说，通过成长我具备了自我保护能力。

妈妈的"挖坑补坑"教育，路途坎坷，并不是我说得那么顺利，不过好在最终让我长出一双坚实的"翅膀"，能正确判断危险，拥有自我保护的勇气和能力。我可以自信地说，针对不同的情况，我可以做到明辨是非，不人云亦云，拥有自己的判断力。

这套书的内容是妈妈在教育我的过程中不断反思、不断完善从而提炼出来的，理所当然，我也成了这套书的第一位读者。书中的内容并不完全等同于我妈对我的教育，但她所想表达的内涵却是一致的。

从我的角度来说，妈妈教给我的知识是终身都可以受用的，也有点羡慕可以阅读到这套书的女孩们，这是检察官妈妈成为"补坑专家"之后的经验总结，你们可以通过阅读直接"避坑"了。

我相信这套书会帮助到更多即将进入或正处于青春期的女孩们，帮助大家学会在面对危险时有效保护自己，锻炼出属于自己的内在自我保护能力。

敖俪穆<br>2024 年 5 月 18 日